Giovanni Ignazio Molina, Christian Joseph Jagemann

Des Herrn Abts Vidaure kurzgefasste geographische, natürliche

und bürgerliche Geschichte des Königreichs Chile

Giovanni Ignazio Molina, Christian Joseph Jagemann

Des Herrn Abts Vidaure kurzgefasste geographische, natürliche und bürgerliche Geschichte des Königreichs Chile

ISBN/EAN: 9783741103230

Hergestellt in Europa, USA, Kanada, Australien, Japan

Cover: Foto ©berggeist007 / pixelio.de

Manufactured and distributed by brebook publishing software (www.brebook.com)

Giovanni Ignazio Molina, Christian Joseph Jagemann

Des Herrn Abts Vidaure kurzgefasste geographische, natürliche und bürgerliche Geschichte des Königreichs Chile

Des

Herrn Abts Vidaure

kurzgefaßte

geographische, natürliche und bürgerliche

Geschichte

des

Königreichs Chile,

aus

dem Italienischen ins Deutsche übersetzt

von

C. J. J...

Mit einer Charte.

Hamburg,

bey Carl Ernst Bohn. 1782.

Vorrede des Autors.

Chile ist von den Erdbeschreibern bey weitem noch nicht so genau beschrieben worden, als es sein natürlicher Reichthum verdient. Diejenigen, welche nur nach den Amerikanischen Eroberungen der Spanier ihre allgemeinen Erdbeschreibungen ans Licht gestellt haben, handeln zwar von diesem Lande; weil aber die Nachrichten, welche sie damals davon erhielten, allgemein und verworren sind, so ist dasjenige, was sie davon sagen, so mangelhaft, so voll Fehler und Widersprüche, daß man sich keinen hinreichenden Begrif daraus bilden kann. Die National-Einwohner konnten zwar durch wahrhafte Nachrichten dergleichen Irthümer zerstreuen, und neuern Erdbeschrei-

bern

bern ein besseres Licht mittheilen; sie hatten
aber wegen ihrer Entfernung keine Gemein=
schaft mit Europa, und nur selten kamen sie
selbst dahin.   Die Europäer, welche dieses
Land besuchen, entfernen sich nicht von den
Seehäfen; oder wofern dieses geschiehet, so
sind sie nur auf Dinge, die ihren Nutzen be=
treffen, aufmerksam.   Daher kommt es, daß
die meisten Erdbeschreiber, aus Mangel ächter
Nachrichten, sich an jene ältern halten, und
ihre Fehler nachschreiben. Hiervon sind jedoch
Sanson von Abbeville, der Herr Abt Jo=
hann Dominicus Coletti, und der englische
Verfasser des Amerikanischen Gazetteers aus=
genommen, welche zwar von Fehlern, die
allen denen gemein sind, welche die Dinge
entweder nicht mit eigenen Augen, oder nur
im Vorbeygehen gesehen haben, nicht frey sind,
dennoch besser davon unterrichtet waren, und
genauere und wahrhaftere Nachrichten davon
gegeben haben.   Weil aber die Natur ihrer
Werke ihnen enge Schranken setzte, so sind
ihre Beschreibungen nicht hinreichend, die
Wißbegierde derer zu befriedigen, welche die

Eigen=

Eigenſchaften und Produkte eines Landes
gründlich und genau einzuſehen verlangen.

Dieſes iſt die Urſache, die mich bewogen
hat, den geographiſchen, natürlichen und bür=
gerlichen Zuſtand des Königreichs Chile kurz,
und dennoch genauer, als es bisher geſchehen
iſt, den Liebhabern ſolcher Kenntniſſe zum
Beſten zu beſchreiben, und die falſchen Be=
griffe, die man davon hat, zu vertilgen. Die
Schwierigkeit, dieſes Vorhaben in Italie=
niſcher Sprache auszuführen, war nicht ge=
ring; ich überwand ſie aber durch das Ver=
langen, der menſchlichen Geſellſchaft nützlich
zu ſeyn, und durch das Vertrauen, daß meine
Leſer, in Betrachtung des reichen Stofs, ihre
Wißbegierde zu befriedigen, die Sprachfehler,
die einem Fremden unvermeidlich ſind, aus
kluger Beſcheidenheit überſehen werden.

Ob nun gleich das Werk die Schranken
einer kurz gefaßten Beſchreibung nicht über=
ſchreiten wird; ſo werde ich es dennoch zu
größerer Bequemlichkeit der Leſer, und aus
Liebe zur Ordnung, in zwey Theile, und dieſe
in Abſätze zergliedern. Im erſten Theile werde

ich,

ich, nach einen allgemeinem Entwurf des Landes, erstlich die Pflanzen, Sträuche, Bäume, und die merkwürdigsten Früchte, hernach die Konchylien, Fische, Insekte, Vögel und vierfüßigen Thiere, und endlich die Metalle und Halb-Metalle, und die Mineralien beschreiben. Im zweiten Theil handle ich erstlich von den Eingebohrnen des Landes, von ihrer Gesichtsbildung, von ihren Neigungen, Sprache, Religion, bürgerlichen und militärischen Regierung, Wohnung, Kleidertracht und Beschäftigungen. Hierauf erzähle ich kürzlich, wie die Spanier in diesem Lande festen Fuß gefaßt haben, und beschreibe ihrer Nachkommen Charakter, Kleidertracht, Bauart, Handel, kirchliche, militärische und bürgerliche Regierung, die Provinzen, in welche sie das ganze Land getheilt, und die Städte und Flecken, die sie bisher errichtet haben.

Die Verwirrung, welche aus der Verschiedenheit der Orthographie der Benennung der Oerter und anderer Dinge entstehen kann, zu vermeiden, schreibe ich die Namen, wie sie von den Eingebohrnen des Landes geschrieben werden.

den. Bey der Aussprache der Namen ist fast
nur das zu bemerken, daß das **Ch** durchaus
vor einem jeden Selbstlauter wie **tsch** aus=
gesprochen wird. Daher schreiben sie **Chile,
Cachapoal, Mapocho** ꝛc. und sprechen
Tschile, Catschapoal, Mapotscho ꝛc.

Weil meine Absicht ist, zur Vollkommen=
heit der Erdbeschreibung und Naturgeschichte
etwas beyzutragen, so habe ich alle Leiden=
schaften auf die Seite gesetzt, und alles ver=
mieden, was mich verleiten konnte, die Wahr=
heit entweder zu verhelen, oder zu übertreiben;
und meine Leser einigermaßen hiervon zu über=
führen, dazu können die mit mir übereinstim=
menden Zeugnisse bewährter Schriftsteller,
die ich hier und da angeführt habe, dienen.
Das Meiste habe ich mit eigenen Augen ge=
sehen und untersucht, und wo dieses nicht ge=
schehen ist, da folge ich den einstimmigen Nach=
richten kluger und vernünftiger Männer, die
es gesehen, und genau untersucht haben.

Die Land=Charte von Chile, welche diesem
Werk beygefügt wird, ist den Beobachtungen
gemäß, welche der P. la Feuillée, der Herr

Ulloa,

Ulloa, und der geschickte Steuermann Va-
rillas, in den Oertern selbst gemacht, und ich
selber durch eigene Beobachtungen größtentheils berichtiget habe. Auch habe ich mich
der neulich in Spanien herausgekommenen
See = Charte des Südlichen Weltmeers zu diesem Endzweck bedient. Was die Provinz
Cujo insbesondere betrift, so gründen sich
meine davon gegebene Nachrichten auf die
Beobachtungen eines der Sache kundigen
Mannes, welcher dieses Land von einem Ende
zum andern durchwandert hat.

Kurz-

Kurzgefaßte geographische, natürliche und bürgerliche Geschichte des

Königreichs Chile.

Erster Theil,

worin in drey Absätzen die Lage des Landes,

das Klima,

und die merkwürdigsten Produkte

aus den drey Reichen der Natur

beschrieben werden.

§. I.

Die Lage, das Klima, und die merkwürdigsten Produkte aus dem Pflanzenreich.

I. Chile liegt im südlichen Amerika, am südlichen Weltmeer, zwischen den 24 und 45 Grad der südlichen Breite, und dem 304 und 308 Grad der Länge, vom Mittags-Cirkel der Insel Porro zu rechnen. Also erstreckt es sich von Norden gegen Süden über 400, und von Westen gegen Osten, das Gebürge Andes mit eingeschlossen, auf 80 Seemeilen. *) Gegen

(A) 5　　　Westen

*) Es werden durchaus Seemeilen verstanden, deren 20 auf einen Grad gehen.

Weſten gränzt es ans ſüdliche Weltmeer, gegen
Norden an Peru, gegen Oſten an die Provinzen
Tucuman, Cujo und die Patagoniſchen Länder,
und gegen Süden an die Magellaniſchen Gegenden. Von allen dieſen Ländern wird es entweder
durch das Andiſche Gebürge ſelbſt, oder durch
deſſelben Zweige abgeſondert. *)

II. Der allgemeine Name Chile iſt älter,
als die Eroberung der Spanier. **) Die Schriftſteller,

---

*) Hier wird nur das Land verſtanden, welches die
National-Einwohner mit dem Namen Chile belegen.
Was aber die Spanier unter der Chiliſchen Regierung verſtehen, das begreift auch die Provinz Cujo,
nebſt den Patagoniſchen und Magellaniſchen Ländern.
Dieſe Gegenden ſind im Temperament, in Sprachen,
und Geſichtsbildung der urſprünglichen Einwohner
ganz von Chile unterſchieden, und durch das uner-
ſteigliche Gebürge Andes davon abgeſondert.

**) Hundert Jahr vor der Spanier Ankunft eroberten
die Peruaner dieſes Land unter dem Namen Chile,
wie aus der Peruaniſchen Geſchichte erhellet; und
einige Jahrhundert früher hatten die Bewohner des
ſüdlichen Chile die benachbarten Inſeln bezogen, und
von ihrem urſprünglichen Lande mit dem Namen
Chilhue, das iſt, Chiliſche Provinz, belegt. Alſo
iſt die Benennung Chile älter, als die Ankunft der
Spanier, und dieſe können, wie einige wollen, die
Urheber davon nicht ſeyn.

ſteller, welche von Amerika ſchreiben, leiten dieſen
Namen aus verſchiedenen Quellen her; aber
ihr Vorgeben iſt entweder ganz ohne Grund,
oder auf geringſchätzigen Muthmaßungen gegrün-
det. Das Wahrſcheinlichſte iſt, daß der Name
Chile von gewiſſen Vögeln, namens Chiles, die
ſich hier in großer Menge finden, herzuleiten ſey;
denn die Indianer pflegten ihre Länder von den
Dingen zu benennen, woran ſie größern Ueberfluß
hatten.

III. Das ganze Land hat die Natur ſelbſt,
von Mitternacht zu Mittag, in drey große Theile
zergliedert. Der erſte enthält die Inſeln des
Chiliſchen Meers; der zweite, welcher das eigent-
liche Chili ausmacht, begreift jenen großen Strich,
der zwiſchen dem Meer und dem Andiſchen Gebürge liegt; und der dritte beſtehet in der langen
Kette des geſagten Gebürges.

IV. Die Inſeln des Chiliſchen Meers ſind
die drey unbewohnten Coquimbiſchen Inſeln,
unter 29°, 25′; die zwo von Spaniern bewohnten Fernandes-Inſeln unter 33°, 24′; Quiriquina am Eingang des Hafens Concepcion,
welche einem Einwohner dieſer Stadt zugehört,
unter 36°, 42′; S. Maria der Arauker
37°, 27′; La Mocha, itzt wüſt, und ehedem
ſtark bevölkert, unter 38°, 56′; das Inſelmeer
Chiloe, welches zwiſchen 41°, 15′, und 45°
ſieben und vierzig theils von Spaniern und theils
von

von Indianern bewohnte Inseln enthält, und
außer Chiloe, welche ungefehr 60 Meilen lang
ist, und wenigen andern, insgesammt klein sind.

V. Der Strich Landes zwischen dem Meer
und dem Gebürge, worauf, als auf den bekannte-
sten und am meisten bewohnten Theil, sich eigentlich beziehet, was wir von Chile sagen werden, ist
40 Meilen breit, und theilt sich in zwey fast gleiche
Theile in das Land am Meer und in das innere
Land. Durch jenes laufen drey oder vier mit
dem Andischen Gebürge parallele Ketten-Berge,
und bilden viele Thäler, die von schönen Bächen
bewässert werden. Das innere Land aber ist eben,
und hier und da mit Hügeln besäet, welche die
Aussicht über das ebene Gefilde verschönern.

VI. Das Gebürge Andes, oder Cordillera,
wird für das höchste der Welt gehalten. *) Es
erstreckt

*) La Cordeliere.... Chaine de montagnes, dont plusieurs
font beaucoup plus hautes, que le Pic-de-Tenerif,
& dont la cime est couverte de cent pieds de neige,
tandis qu'en bas ce font des Jardins fleuris, & seconds
en fruits, qui demandent le plus de chaleur. *Voyage
au Perou par M. Bouguer* pag. 378. selon les obser-
vations du P. Feuillée le *Pic-de-Tenerif* a 2213
toises au dessus du niveau de la mer. *Le Pichincha*
dans le Quito en a 2427. Une autre montagne y
en a 2495 toises de Hauteur, où le Mercure se sou-
tient dans le Barometre à 15 pouces, 9 lignes, c'est
à dire

erstreckt sich ungefehr 1380 Meilen von der Ma⸗
gellanischen Meerenge bis zum Mexikanischen
Meerbusen, und hat ungefehr 40 Meilen in der
Breite, wo es zu Chile gehört. Es bestehet aus
sehr hohen Bergen, die in einer Kette fortgehen,
und voll steiler Felsen und schrecklicher Abgründe
sind, zwischen welchen sich jedoch viele angenehme
Thäler und sehr viele Ebenen finden, die von ver⸗
schiedenen Stämmen der Wilden bewohnt sind.

VII. Chile ist eins der besten Länder in Ame⸗
rika. Sein heiterer Himmel, sein sanftes Klima,
die Fruchtbarkeit seines Erdreichs geben ihm be⸗
trächtliche Vortheile vor seinen benachbarten Pro⸗
vinzen.*) Die vier Jahrszeiten wechseln ordent⸗
licher Weise ab, jedoch in umgekehrter Ordnung,
dergestalt, daß der Frühling im September, **)
der Sommer im December, der Herbst im März,
und der Winter im Junius anfängt. Am Ende
des Herbsts, im Winter, und im Anfang des
Früh⸗

à dire à 12 pouces, 3 lignes environ plus bas, qu'au
bord de la mer. *Mem.* de l'Academ. des Sciences. an
1744. pag. 269.

*) Dieses Land ist ohne Widerspruch das schönste,
reichste, und fruchtbarste unter allen Ländern der
Spanischen Monarchie. *Job. Dom. Coletti* Dizionario
geogr. dell' America merid. V. Chile.

**) Eigentlich ist hier der Frühling um einen Monat
länger, als der unsere; weil schon in der Mitte
des Augusts die Bäume blühen.

Frühlings regnet es in Ueberfluß, *) in andern Jahrszeiten aber selten oder nie. Im Sommer ist der Luftkreis jederzeit heiter, **) und man weiß in dieser Jahrszeit nichts von Hagelwetter und Donnerschlägen, ***) die in andern Amerikanischen Gegenden so gemein sind. Die Trockenheit des Sommers ist hier von keiner schädlichen Folge, weil der häufige Thau der Nächte, und die vom Winter übergebliebene Feuchtigkeit den Früchten

*) Der Nord= und Nordwest=Wind bringen hier unfehlbar Regen, und der Südwind zerstreuet die Wolken. Dieser Wind verändert sich im Frühling, Sommer und Herbst zur Mittagszeit in einen frischen Westwind, welcher zwo Stunden, und auch länger dauert, und der Mittagszeiger der Bauern genannt wird. Am Ende des Herbsts bringt er oft Platzregen mit kleinen Schloßen. Der Ostwind, welcher von den Eingebohrnen Puelche genannt wird, und von der angenehmen Luft, die von dem Andischen Gebürge herwehet, ist etwas seltenes.

**) Oft lassen sich in den Sommer=Nächten feurige Lufterscheinungen sehen; aber der Südschein ist, außer Chiloe, etwas seltenes. Ich habe in Zeit von 18 Jahren nicht Einen beobachtet. Auch hat man in Chiloe keine reguläre Beobachtungen davon gemacht.

***) Chile ist ganz frey von einschlagenden Donnerstrahlen, ob man gleich manchesmal vom Gebürge her donnern hört rc. Der englische Verfasser des Amerik. Gazetteers, beym Wort Chile.

Früchten hinreichende Nahrung geben. So ist
auch das ganze Land reich an Flüssen und Bächen,
woraus man das Wasser durch Kanäle hinleiten
kann, wo es nöthig ist.

VIII. Die Sommerhitze würde wegen des
immer heitern Himmels unerträglich seyn, wofern
die göttliche Vorsehung nicht dafür gesorgt hätte.
Der Wind, der vom Südpol über das Meer her-
bläst, die Fluthen des Meers, die sich zur Mittagszeit erheben, der Thau, welcher gleich nach Sonnen-
Untergang zu fallen anfängt, und eine gewisse
sanfte Luft, die von dem schneereichen Gebürge
herabwehet, erfrischen den Luftkreis.*) Auch ist
die Kälte des Winters sehr mäßig. In den Gegenden am Meer hat man nie Schnee gesehen,
und in jenen, die sich dem Gebürge nähern, schneit
es nur alle fünf Jahr, und oft noch seltener, ein
wenig. Aber auf dem Andischen Gebürge fällt
der

---

*) Obgleich Chile beym hitzigen Erdgürtel liegt, so ist
doch daselbst die Luft im Sommer gemäßigt, und
gesund. Der nemliche Engländer, beym Wort Chile.
Le Quartier de Chili (die nordliche Gegend) devroit être plus chaud, que l'Espagne, & celui de
l'Imperiale (im südlichen Theil) comme l'Espagne.
La proximité des montagnes d'une coté, & de la mer
de l'autre, font, que le pays est un peu plus froid,
qu'il ne devroit être; mais assez chaud pour être un
des meilleurs de l'Amérique. Sanson d'Abbeville
dans sa Geograph. V. Chili.

der Schnee so häufig, daß er sich daselbst ewig erhält, und fast das ganze Jahr den Durchgang versperrt. *)

IX. Obgleich die Witterung der verschiedenen Gegenden, je nachdem sie mehr oder weniger vom Meer entfernt, und ihrer Lage gemäß trockener oder feuchter, kälter oder wärmer sind, so ist doch das Land überhaupt gesund. Manchesmal lassen sich im Sommer und Herbst hitzige Fieber, die mit einer Art von Raserei begleitet sind, verspüren. Die Indianer nennen sie Chaba-lonco, das ist, Krankheit des Haupts, und brauchen die Pflanzen Palqui, Culli, und andere erfrischende Pflanzen dawider. Uebrigens herrschen hier weder Pest, noch drey- oder viertägige Fieber, die anderswo so gemein sind; und die in den benachbarten Ländern damit behaftet sind, kommen hierher, sich davon zu befreyen. Nur der Genuß der Luft ist alsdenn

*) Es gehen in Chile nur 8 bis 9 Wege durch das
Gebürge, welche rauh, gefährlich und so eng sind,
daß man kaum zu Pferde durchkommen kann; vom
April bis in dem November sind sie ganz vom häufig
fallenden Schnee zugedeckt. Wer sich wichtiger
Geschäfte halben dennoch hinein begiebt, erfriert
meistens; daher kommt es, daß einige Schriftsteller
geschrieben haben, in Chile sterben die Menschen vor
Kälte. Auf der Straße nach Mendoza finden sich
heut zu Tage einige aus Stein gebaute Häusgen,
die den Kouriren zur Zuflucht dienen.

alsdenn hinreichend, sie zu heilen. Schlagflüsse und Gicht sind hier etwas sehr seltnes, besonders unter jungen Leuten. Auch siehet man selten lahme oder hinkende Menschen; und niemand hat hier je einen tollen Hund gesehen.

X. So gesund die Luft ist, so frey ist auch die Erde von schädlichen Thieren. Von Ottern, vergifteten Schlangen, Tiegern, Bären, wilden Schweinen, Wölfen und andern gefährlichen und vergifteten Thieren weiß man hier nichts.*) Die gemeine Schlange, die man hier antrift, hat kein Gift, wie die Mitglieder der Pariser Akademie, welche 1736, einen Grad des Mittagscirkels zu messen, nach Peru reiseten, durch Versuche beobachtet haben. Man kann daher überall im Felde schlafen, ohne Gefahr, von einem giftigen Thier beschädiget zu werden. **) Dieser Vorzug des

*) In den dicksten Wäldern findet sich eine Art Löwen, die kleiner sind, als die Afrikanischen, und keine Mähnen haben. Diese greifen aber nur das Vieh an, und fliehen vor dem Menschen.

**) Am Fuß des Andischen Gebürges findet sich im December und Januar eine Art schwarzer Spinnen mit rothen Hintertheilen, die sich in einem länglicht viereckigen Gewebe im Grase aufhalten. Der Stich dieser Spinnen soll ein Fieber von einem oder zween Tagen, ohne weitere Folgen verursachen. Ich zweifele aber hieran; weil gewisse Schnitter, welche

(B) mit

des Königreichs Chile ist um so viel mehr zu be-
wundern, als solche Thiere in den angrenzenden
Provinzen häufiger sind. Zwo Ursachen können
ihnen den Uebergang verschließen: erstlich die
mit Schnee bedeckte und steile Zwischenwand des
Gebürges, und zweitens der Mangel des höhern
Grads der Sommerhitze, die der Natur solcher
Thiere angemessen ist.

XI. Auf den höchsten Bergen in Chile werfen
vierzehn große Vulkane und einige kleinere beständig Feuer aus. Sie haben den benachbarten
Gegenden bisher noch keinen Schaden zugefügt,
außer daß die in ihren Höhlen versammelte sul-
phurische Materie, die durch viele Schlünde her-
vorbricht, eine unerschöpfliche Quelle von Erdbeben
ist. *) Jedoch geschiehet dieses weder sehr oft, noch
so

mit solchen Nestern angefüllte Korngarben auf den
Schultern trugen, mich versichert haben, nie davon
beschädigt worden zu seyn. Sie finden sich aber außer
der gesagten Gegend und Zeit nirgends, und sterben
im Anfang des Februars vom häufigen Thau.

*) Seit der Spanier Ankunft zählt man sechs große
Erdbeben in Chile. Das erste warf 1570 einige
Berge um, und verwüstete einige Flecken im südlichen Theil. Das zweyte zerstöhrte den 13 May
1647 einen Theil der Hauptstadt. Das dritte ereignete
sich den 15 März 1674, dauerte eine viertel Stunde,
und richtete viel Schaden an. Das vierte beschä-
digte

To unvermuthet, als anderswo. Es fängt sachte
an, und ehe es gewaltig wird, läßt es den Einwohnern Zeit, sich aus den Häusern zu retten.
Der starke Ausbruch der Vulkanen mag wohl
anfänglich die Gewalt dieser schrecklichen Minen
schwächen.

XII.

bigte 1722 den 24 März viele Gebäude. Das
fünfte trieb 1730 den 8 Julius das Meer gegen
die Stadt Concepcion, und warf sie zu Boden. Das
sechste verwüstete 1751 den 24 May nicht nur die
gesagte Stadt ganz und gar, und begrub sie unter
dem Meere, sondern richtete auch alle die übrigen
Festungen und Flecken, die zwischen dem 34 und 40
Grad der südlichen Breite liegen, zu Grunde. Seine
Richtung gieng von Mittag zu Mitternacht. Es
wurde durch kleinere Stöße, und eine Viertelstunde
vorher durch eine feurige Kugel, die sich aus dem
Andischen Gebürge mit einem großen Geräusche ins
Meer warf, verkündiget. Der größten Stöße fingen
um Mitternacht an, und dauerten 11 bis 12 Minuten.
Darauf war die Erde bis zu Sonnen Aufgang in
beständiger Bewegung, und die kleinen Erschütterungen dauerten, mit Aussetzung einer Viertelstunde
oder höchstens 20 Minuten, einen ganzen Monat
fort. Ehe die größten Erschütterungen anfiengen,
war der ganze Himmel hell; aber auf einmal bedeckte
sich der ganze Gesichtskreis mit einem dicken Nebel,

(B) 2   woraus

XII. Aber dieses vorübergehende Uebel wird durch verschiedene andere Vortheile des Geburges reichlich erseßt. Die mit Schnee bedeckten Gipfel fallen schön und angenehm ins Auge. *) Die Anhöhen sind mit schönen Cypreßen, Lorbeerbäumen, Cedern und anderem schäßbarem Holz bekleidet. Die Thäler beherbergen eine große Menge Vögel und Thiere, welche im Winter vor dem Schnee fliehen, und sich durch das ganze Land ausbreiten. Das Eingeweide der Berge ist reich an Gold, Silber, Kupfer, Jaspis, Kristallen, und andern nüßlichen Mineralien. Was aber noch schäßbarer ist, so entspringen aus den Wurzeln des Geburges mehr

als

woraus sogleich schreckliche Wolken entstanden, die einen achttägigen Regen verursachten. Dem ungeachtet kamen im ganzen Königreiche nicht mehr als sieben Personen, und zwar zu Concepcion, ums Leben. Unter diesen waren drey alte Männer, die sich vor dem Erdbeben nicht fürchteten, ein Narr, und 3 Kinder. Es ist sonderbar, daß alle diese Erdbeben des Nachts sich ereignet haben.

*) Die höchsten Berge unter den Andes in Chile sind der Manflas unter dem 28°, 30' der Breite, Tupungato 33°, 40'; Descabezado 35°, Longavi 35°, 15', Chillan 36°, Guanauca 41°, 8'. Außer der Kette sind innerhalb des Landes die höchsten, Campana 33°, Upo 35°, 15', Cajus mangue 36°, und der Berg bey Villaricca 39°, 30'.

als 120 große Flüße, *) welche sich durch das ganze Land vertheilen, und es fruchtbar und angenehm machen. Dieses Gewässer fließt meistens nicht tief, und kann leicht geleitet werden, wohin man will, weil das Land gegen das Meer abhängig ist. Es ist auch nicht zu befürchten, daß diese Flüsse durch Ableitungen erschöpft werden; denn im Sommer, da man derselben am meisten benöthigt ist, sind sie wegen des auf dem Gebürge schmelzenden Schnees am reichlichsten mit Wasser versehen. Die Flüsse, welche schwere Schiffe tragen, sind Maule, Biobio, welcher zwo italienische Meilen breit ist, Cauten, Tolten, Valdivia, Chaivia, und Rio-bueno.**)

XIII.

*) Die Flüße, die aus diesen Bergen entstehen, fließen alle von Osten gegen Westen ins Meer, und ihre Ufer sind mit immer grünen Bäumen besetzt, wodurch die Schönheit des Landes ungemein vermehrt wird. Siehe des Joh. Dominic. Coletti Dizion. Geograf. dell' Americ. merid. e Settentr. Chile.

**) Unter den Flüssen, welche von Norden gegen Süden fließen, sind die merkwürdigsten, Salado, Copiapò, Guasco, Coquimbo, Tongoi, Limari, Chuapa, Longotoma, Ligua, Aconcagua, Mapochò, Maipo, Cachapoal, Rioclarillo, Tinguirivica, Teno, Lontue, Rioclaro, Loncomilla, Achigueno, Longavi, Nuble, Cato, Chillan, Diguillin, Danicalquin, Itata, Lara, Duqueco, Vergara, Curararà, Leuvu, Ralemu, Meullin, Queule, Maullin.

(B) 3

XIII. Es fehlt in Chile auch nicht an Landseen, die größten sind Pudaguel, Aculeu, Taguatagua, Bucalemu, Caguil, Bojeruca, Cudi, Lavquen, und Naguelguapi. Der See Lavquen, welchen die Spanier von Villaricca benennen, hat 24 Meilen im Umfang, und in seiner Mitte liegt eine Insel mit einem Kegelförmigen Hügel. Der Naguelguapi ist nicht viel kleiner, und umfließt ebenfals eine Insel. Aus beiden gehen zween große Flüsse aus; aus dem ersten der Tolten, der in die Südsee fällt, und aus dem zweiten der Naguelguapi, der ins Meer del Nort gehet. Es giebt hier auch viele Gesundbrunnen und Bäder. Die vornehmsten sind jene zu Colina nicht weit von der Hauptstadt, zu Peldehue zwischen Quillotta und Aconcagua, zu Cauquenes bey der Quelle des Flusses Cachapoal; drey andere, nur 3 Schuh von einander entfernte Gesundbrunnen, auf der Straße von der Hauptstadt nach Mendoza, deren erster sehr kalt, der zweite laulicht, und der dritte siedheiß ist, und auf deren Rande sich eine Menge durchsichtigen Salzes findet; im Lande der Arauker die Bäder zu Pismanta. Auch wird das Wasser der Flüsse Maipo und Biobio vor sehr gesund gehalten.

XIV. Berge und Ebene liefern hier vortrefliche Viehw de in Ueberfluß, welche sich den größten Theil des Jahrs grün und frisch erhält. Daher ist das Fleisch des zahmen Viehes, welches auch

im

im Winter unter freyem Himmel bleibt, von gutem
Geschmack. Es finden sich hier fast alle wilde
Europäische Pflanzen und Kräuter, und viele,
die in Europa gebauet werden, wachsen hier wild.
Dergleichen sind Feigbohnen, Petersilien, Ochsen=
zungen, römische Garten=Münz, Fenchel, Senf,
Rüben, und andere. *) Unter den eigenthüm=
lichen Pflanzen des Landes, deren Anzahl sehr
groß ist, sind das Salzkraut, Madi, (Oelpflanze)
Pangue, Culli, Papa, Zapallo, Quinua, Erd=
taback, Relvun, Quinchamali, Guadalaguen,
Erba=loca, Tembladerilla, die merkwürdigsten.

XV. Das Salzkraut wächst auf der Ebene
bis zur Höhe eines Fußes. **) Seine Blätter sind
aschenfärbig, und wie Basilicum gebildet. Im
Sommer bedeckt es sich alle Tage mit runden
Salzkrusten, welche Perlen ähnlich sehen, und von
den Blättern abgeschüttelt, anstatt des gemeinen
Salzes gebraucht werden. Die Pflanze Madi
wächst theils wild, theils wird sie angebauet.
Diese treibt aus ihren faserichten Wurzeln mehrere
Stengel, 3 bis 4 Fuß hoch, welche rauh, streifig,
und mit länglichten, rauhen, kleberichten und
bräunlichen Blättern bekleidet sind. Die Stengel
(B) 4   theilen

*) In einigen Thälern des festen Landes, und auf der
  Insel Chiloe findet sich auch zu gewissen Jahrszeiten
  Manna.
**) Der Italienische geometrische Schuh verhält sich
  zum Pariser, wie 1417 zu 1440.

theilen sich in vier oder fünf Zweige, aus deren Spitzen gelbe, rosenähnliche Blumen hervorkommen. Aus diesen Blumen werden runde zolldicke Früchte, die in mehrere Fächer getheilt sind, und in denselben einen theils weislichten und theils schwärzlichen, mit einer feinen Schale bedeckten, und auf der einen Seite rund erhobenen Saamen enthalten. Wenn dieser Saame gestoßen und gesotten wird, so giebt er ein Oel, welches sehr gut schmeckt, und dem Olivenöl an Güte nicht weicht. Die wilde Pflanze Madi, welche gemeiniglich Melosa genannt wird, wächst überall auf Bergen und Feldern, und wird höher als die angebauete; ist aber bisher noch nicht benutzt worden.

XVI. Die Pflanze Pangue liebt sumpfiche und feuchte Gegenden, und wo man sie siehet, zeigt sie an, daß eine Quelle verborgen sey. Ihre Wurzeln, welche sich bis zwey Fuß um sie her unter der Erde ausbreiten, sind schwärzlich, schwer, rauh, und von einem herben Geschmack. Sie treiben drey oder vier Stämme in der Höhe von ungefehr 5 Fuß, die 4 oder 5 Zoll dick, und mit einer rauhen und wolligten grauen Rinde bedeckt, ein weißes säuerliches, und mit einem angenehmen und erfrischenden Saft erfülltes Mark enthalten. Wenn sie alt werden, so ist das Mark mit feinen und sehr zähen Faden durchzogen. Die Blätter, welche nur aus der Spitze der Stämme hervorkommen, sind dunkelgrün, hart, wollicht, zackigt, und

und 2 Fuß breit. Die Wurzel dieser Pflanze ist
sehr nutzbar, die Häute zu gerben, weswegen sie
ein beträchtlicher Gegenstand des Handels ist.
Die sie zerstoßen, können es wegen ihres starken
Geruchs nicht über eine Stunde aushalten.
Distillirt man sie mit Wasser, so giebt sie eine
vortrefliche Tinte, zu schreiben. Die Schuster
machen auch Leisten daraus, welche sehr dauerhaft
sind. In sandigten und feuchten Gegenden wächst
eine andere Gattung dieser Pflanze, welche
Dinacho genannt wird, deren Stamm nicht aus
der Erde hervordringt. Man siehet davon nur
ein Büschel Blätter, welche jenen der ersten Gat=
tung an Gestalt ganz gleichen, ob sie gleich viel
kleiner sind. Der Stamm ist armsdick, einen
Fuß lang, zart, und sehr schmackhaft.

XVII. Die Pflanze Culli ist von zweierley
Gattungen, deren eine schwärzliche, und die andere
gelbe Blumen hat. Die erste Gattung wächst
unter Gebüschen, in schattichten Oertern, zween
Fuß hoch, und ihr Stamm ist mit einem erfrischen=
den Saft angefüllt. Die mit gelben Blumen
findet sich gemeiniglich in angebautem Erdreich,
und gleicht der ersten Gattung nur am Geschmack
und Wirksamkeit. Aus ihren faserichten Wurzeln
schießen einige grüne spitze Stengel mit kleinen
Blättern hervor, die sich auf der Erde ausbreiten.
Beide Gattungen werden zerstoßen, und zu einem
Teig zubereitet, welcher, im Wasser aufgelöset, in

hitzigen

hitzigen Fiebern heilsam sind, und auch zu Sor-
betten, und zu einer violetblauen oder gelben
Farbe gebraucht werden. Papa ist der Erd-
apfel, welcher in Amerika zu Haus ist, und nun in
vielen Europäischen Provinzen angebauet wird.
In Chile wächst er wild, und ist klein; wird aber
auch in Menge gebauet. Alsdenn ist er sehr dick,
und eins der vornehmsten Nahrungsmittel der
Indianer. Unter mehr als dreißig Gattungen
sind die bläulichten, langen, und süßen, welche sie
Cariche nennen, die besten. Von ihren verschiedenen Arten und ihrem Gebrauch liefert der Herr
von Bomare in seinem vortreflichen Wörterbuch
der Naturgeschichte einen sehr guten Artikel.

XVIII. Die Pflanze Zapallo gleicht jener des
gelben Kürbis völlig. Jedoch unterscheidet sich
ihre Frucht in einer der Weiberbrust ähnlichen
Spitze, womit sie sich endiget, und in dem innern
Fleisch, welches derb, mehlartig und süß ist, wenn
es entweder gesotten oder geröstet wird. Die
Pflanze Quinua, wovon eine Gattung wild
wächst, erhebt sich mannshoch; ihre Blätter
gleichen jenen des Mangolts, ihre Blumen sind
purpurfärbig, und ihr Saame ist in Aehren ein-
gehüllt. Dieser ist länglich und weiß, und man
ißt ihn wie Reis. Der Erd-Taback (Tabacco
de terra), gleicht an Gestalt und Geschmack dem
Taback, der in Europa gebauet wird; aber seine
Blätter sind so klein, daß sie dem Käufer in Schef-
feln

feln zugemeſſen werden. Er iſt viel ſtärker, als
der gemeine, und wird zum Rauchen mit dieſem
vermiſcht. Der gemeine Taback wächſt wild,
und wenn er gebauet wird, iſt er ſo gut, als der
Braſiliſche. Die Pflanze Revun wächſt gemeiniglich in ſandigtem Boden unter Gebüſchen.
Ihre Wurzel iſt röthlich, faſerig, bis ſieben Zoll
lang, und ziemlich dick. Sie treibt einen oder
zween runde Stengel fußhoch hervor, welche mit
bräunlichten und ſchmalen Blättern bekleidet ſind.
Die Wurzel braucht man, die Wolle roth zu färben; und dieſe lebhafte Farbe erhält ſich, ſo lang
das Zeug dauert. Darum wird ſie von den
Bauern ſorgfältig geſammlet, und büſchelsweiſe
verkauft.

XIX. Die Pflanze Quinchamali wächſt gemeiniglich an den Anhöhen der Hügel, und unter
Geſträuchen. Ihre Wurzel iſt lang, grünlich,
voll feiner Faſern, und treibt drey oder vier Zweige
hervor, welche ſich auf die Erde breiten, und mit
kleinen grünen Blättern, die paarweiſe neben einander ſtehen, bekleidet ſind. Aus der Spitze der
Zweige kommt eine Blume, die dem Safran
gleicht, hervor. Wenn man dieſe Pflanze mit
der Wurzel in ein Dekoft verwandelt, ſo hat ſie
die Kraft, das Blut, welches wegen einer Kon-
tuſion aus den Gefäßen getreten iſt, ſogleich ab-
zuführen. Die Erfahrung hat dieſes oft beſtäti-
get. Das Kraut Guadalaguen, welches die
Spanier

Spanier das Kraut der heiligen Jnana nennen, findet sich überall bey der vorigen Pflanze. Es ist sehr klein; seine Blätter sind mit weißlicher Wolle bedeckt, und seine Blume ist groß und weiß. Wenn man es ganz mit etwas Salz in einem neuen Topf zu einen Saft abkocht, und es des Morgens einnimt, so heilt es innere Geschwüre, und vertreibt geronnenes Blut, und Unverdaulichkeit.

XX. Erba=loca, oder Matta. (das Narren= kraut) wird so genannt, weil die Pferde, wenn sie es ungefehr fressen, toll davon werden, und wie närrisch hin und herlaufen, bis sie diese Art von Gift ausgedünstet haben. Es wächst auf Wiesen, und man ist sorgfältig, es zu vertilgen, damit es dem Vieh nicht schade. Es treibt viele krumme Stengel zwey Fuß hoch hervor, und seine Blätter, welche paarweise nebeneinander stehen, sind lang, schmal, und aschenfärbig. Tembladerilla ist ein Kraut, welches, von den Pferden gefressen, sie zittern macht. Es wächst in feuchten Oertern, und seine Zweige, die sich auf der Erde fortschlän= geln, tragen an ihrer Spitze dunkelblaue Blu= men. *)

XXI.

---

*) Die Würkungen, welche diese zwey Kräuter in den Pferden hervorbringen, habe ich mit Augen ge= sehen; ob sie das nemliche auch in andern Thieren thun, welches man hier leugnet, davon habe ich keine Erfahrung gehabt.

XXI. An den Klippen des Chilischen Meers wächst unter Wasser das Kraut Luche, dessen Blätter länglich, glatt und bräunlich sind, und geröstet oder gesotten gegessen werden. Es wächst daselbst noch eine andere Pflanze, Cochajuju genannt, welche aus einem gelblichen Stengel, der mit seinen Wurzeln zwischen die Steinklippen dringt, sechs Fuß lange und ungefehr 5 Zoll breite Blätter hervortreibt, welche dick und schwammig, und mit einem schwärzlichen Häutgen überzogen sind. Wenn diese lederähnlichen Blätter am Feuer geröstet, wo sie wie ein Flintenschuß krachen, und gewürzt werden, so sind sie, wie das Kraut Luche, eßbar. Ueber den besagten Kräutern und Pflanzen haben die Indianer eine Menge anderer, deren heilsame Kraft in verschiedenen Krankheiten ihnen sehr wohl bekannt ist; wodurch sie oft Wunderkuren thun. Sie wissen auch mit Kräutern und Pflanzen ihren Tüchern alle Farben zu geben.

XXII. Die Spanier haben alle Europäische Gartenfrüchte und Blumen in Amerika eingeführt. Sie kommen daselbst so gut fort, als in Europa. Auf dem Felde trift man besonders im Frühling eine so große Verschiedenheit wohlriechender und schöner Blumen an, daß das Land vielmehr einem Garten, als einem ungebaueten Erdreich gleichsiehet. Fast alle Blumen, welche in Europa die Sorge des Gärtners erfordern, wachsen in Chile wild auf den Wiesen, mit einigem Unterschied an

den

den Blättern oder am Geruch, welchen viele gar
nicht haben. Unter andern finden sich auch weiße,
rothe, gelbe, blaue und bunte Lilien. Wenn die
Kräuter aus der Erde hervordringen, wächst
überall unter ihnen ein goldgelbes Blümchen,
welches von den Rebhühnern benannt wird, weil
diese demselben begierig nachgehen, und die Wiesen
überaus schön kleidet. Darunter mischt sich auch
ein violetblaues, womit man den Branntewein
färbet. So klein als diese Blume ist, so ist eine
hinreichend, eine ganze Butelje zu färben. Sobald
man sie hineinwirft, so siehet man die Farben-
theilgen sich durch das ganze Glas verbreiten.

XXIII. Chile ist nicht weniger an Gesträuchen
reich; sie sind aber alle, außer Salvey und Myr-
then, von den Europäischen unterschieden. Viele
derselben sind theils wegen des lieblichen Geruchs
und der Schönheit ihrer Blumen, theils wegen
anderer nutzbaren Eigenschaften sehr schätzbar.
Die merkwürdigsten sind, der Weyrauchstrauch,
Chilca, Jarilla, Colliguai, Murtilla, Cardon,
Romerillo, Guaicuru, Culen, Palqui.

XXIV. Der Weyrauchstrauch wächst in den
nördlichen Provinzen drey bis vier Fuß hoch.
Seine 4 Zoll lange und 2 bis 3 Zoll breite Blätter sind gelblich, dick und steif, und seine Blüthen
sind klein und gelb. Im Sommer schwitzt er das
kostbare Gummi, welches wir Weyrauch nennen,
in kleinen Krüsten oder Kügelgen, die sich mit
den

den Zweigen und dem Stamm vereinen, und gesammelt werden, wenn die Blätter abfallen. Dieser Weyrauch weicht dem orientalischen nicht an Güte, und es kann seyn, daß beide von einem Strauch herkommen.

XXV. Der Strauch Chilca wächst auf den Ufern der Flüsse und Bäche bis sieben Fuß hoch. Er theilt sich in viele gerade Zweige, die mit einer dunkelgrünen Rinde, und mit grünlichen, langen und schmalen Blättern bekleidet sind. Auch dieser Strauch schwißt aus allen Zweigen ein aromatisches Harz, welches zuerst weiß ist, hernach aber gelblich wird. Die Landeseinwohner sieden, größern Gewinns halben, die Zweige mit den Blättern, wodurch das herausgezogene Harz bräunlich wird. Wo dieser Strauch in salzigen Gegenden wächst, ist er kleiner, und giebt mehr Harz. Daher ist der Strauch desto fruchtbarer, je mehr er sich dem Wendezirkel nähert. Noch aus einem andern Strauch, Namens Pajaro-bobo, schwißt aromatisches Harz. Dieser ist in der Provinz Cujo sehr fruchtbar, wo hingegen der Strauch Chilca, so gemein er auch da ist, wenig Harz hervorbringt.

XXVI. Der Strauch Jarilla erhebt sich sechs Fuß hoch. Sein Stamm ist grau, und reich an Zweigen, welche sich an der Spitze mit grünen, feinen, schmalen Blättern kleiden. Er ist ganz mit aromatischem Harz angefüllt, und streuet einen

einen sehr lieblichen Geruch aus. Wenn man seine
Blätter wie Thee braucht, so befreien sie von in-
nerer Fäulniß; distillirt man sie aber 20 Tage in
Wein an der Sonne, so geben sie einen vortreflichen Balsam, der für frische Wunden sehr heilsam ist. Gestoßen und warm auf eine Kontusion
gelegt, heilen sie dieselbe in kurzer Zeit. Auch sind
sie für die innere Fäulniß der Ohren, und für
apoplektische Zufälle ungemein heilsam. Sie
werden alsdenn auf folgende Art zubereitet. Mit
einer Portion Olivenöhl vermischt man noch einmal so viel Blätter, und setzt dieses Gemisch
10 Tage in die Sonne. Darauf läßt man es
so lange sieden, bis die Feuchtigkeit ausgedünstet
ist. Was übrig bleibt, verwahrt man in einer
wohlbedeckten Büchse, und braucht es im Nothfall.

XXVII. Colliguai ist ein Strauch, welcher
überall in Chile sowohl auf der Ebene als auf
Bergen wächst. Seine Blätter sind blaßgrün
und hart, und erhalten sich auch im Winter frisch.
Die Frucht ist dreyeckig, fest, von der Größe einer
Haselnuß, und enthält drey bräunliche Saamenkörner, die in ihrer Bildung der Erbse gleichen.
Wenn diese Nuß reif ist, springt sie auf, und wirft
den Saamen mit Gewalt heraus. Die Wurzeln
und der Stamm sind dunkelroth, und wenn man
sie aufs Feuer wirft, geben sie einen sehr lieblichen
Geruch, fast wie Rosen; nur daß er lebhafter und
durchdringender ist. Der Strauch Murtilla wächst

am

am Meer drey oder vier Fuß hoch. Seine Blätter
gleichen jenen des Burbaums, und die Zweige
sind mit Beeren beladen, die größer, als jene des
Mirtenbaums sind, und an Gestalt und Farbe
Granatäpfel gleichen. Sie sind wohlriechend, und
man macht einen delikaten und dauerhaften Wein
daraus, der den Magen stärkt.

XXVIII. Der Strauch Carbon wächst in
trockenen Gegenden, und hat theils krumm geschlän-
gelte Zweige von der Dicke eines Schenkels, die
sich nicht weit über der Erde erheben, theils, grad
aufwachsende bis zur Höhe von 6 Fuß, die nicht
dicker als fünf Zoll sind. Die krummen sind mit
ungefehr zwey Linien dicker Schuppen bedeckt, welche
schwammig, röthlich, und in einander gesteckt sind,
und im Sommer von den Sonnenstrahlen kohl-
schwarz gebrannt werden. Die Blätter, die ringsum
aus den Zweigen hervorschießen, sind ungefehr
drey Fuß lang, und zwey oder drey Zoll breit, hart,
runderhöhet auf ihrer breiten Seite, zugespitzt, und
ringsum mit Stacheln, die wie Angeln gekrümmt
sind, versehen. Mitten aus diesen krummen
Zweigen erheben sich die graden, welche zwar von
außen hart, inwärts aber mit einer schwammigen
Substanz angefüllt, die man wie Korke braucht,
diese Zweige endigen sich in einen dicken Knopf,
von der Gestalt einer Artischocke, welcher im Frühling
eine große gelbe Blume von 8 oder 10 runden
Blättern hervortreibt, und mit einem weißlichen,

(C)   schmack-

schmackhaften Mark erfüllt ist, woraus ein liebliches
Honig tröpfelt.

XXIX. Romerillo ist ein Strauch, der dem
Europäischen Rosmarin, der auch hier gebauet
wird, sehr gleicht, und deshalben von den Spaniern
Romerillo genannt wird. Er wächst gemeiniglich
in sandigtem Erdreich sehr hoch. Aus den Spitzen
seiner Zweige kommen Nüsse von weißem balsa-
mischen Schaum hervor, worin ein helles wohl-
riechendes bisher noch unbenutztes Oehl enthalten
ist. Das Holz dieses Strauchs, welches harzreich
ist, wird in den Kupfer-Schmelzhütten wegen seiner
besonders wirksamen Flamme, allen andern Gattungen von Holz vorgezogen. Der Strauch Guai-
curù wächst in den nördlichen Provinzen, nicht
über zwey Fuß hoch. Seine Blätter sind jenen
des Mirtenbaums gleich. Wenn man seine rothe
Wurzel zerstößt, und auf einer Wunde legt, so heilt
sie dieselbe, wenn sie nicht groß ist, innerhalb 24
Stunden so zu, daß kaum ein Merkmal davon
überbleibt. Diese Heilkraft ist oft von vernünftigen
Leuten bewehrt befunden worden, und die Indianer,
welche keine Wundärzte haben, bedienen sich derselben mit gutem Erfolg in Kriegen, wo sie jederzeit
damit versehen sind. Sie heilt auch den Krebs.

XXX. Der Strauch Culen findet sich in
Chile überall, wo fettes und feuchtes Erdreich
ist, und wächst zu einer beträchtlichen Höhe. Er
ist von zwo Gattungen, deren eine grün, und die
andere

andere gelb iſt. Die grüne, die man auch ſchon
in Italien angebauet hat, iſt die gemeinſte. Ihre
Blätter, die ſich in jedem Frühjahr erneuern, und
drey und drey aus kleinen Aeſtgen hervorkommen,
ſind hellgrün, wohlriechend, und dem gemeinen
Baſilicum an Bildung ähnlich, weshalben ſie von
den Spaniern Albaquilla genannt wird. Neben
den Blättern kommt eine Blume, in Geſtalt einer
Aehre heraus, deren reifer Saame einer kleinen
Welſchen Bohne gleicht. Der Strauch Culen
von der gelben Art iſt von dem vorigen nur der
Farbe nach und durch die Feinheit ſeiner Blätter
unterſchieden, welche ſich am Ende der Zweige
ſo in einander kräuſeln, daß ſie Fuß dicke Knäuel
bilden, wodurch die Spitze der Aeſte niedergebogen
wird Dieſe Sträuche haben alle Eigenſchaften
des Chineſiſchen Thees, die Blättern haben faſt
den nemlichen Geſchmack und Geruch, und werden
auch wie der Thee genoſſen. Sie ſind magen-
ſtärkend, befördern die Verdauung, reinigen den
Magen, und befreien von Verſtopfungen. Auch
brauchen ſie die Indianer mit gutem Erfolge, die
Wunden zu heilen, und faſt wider alle innere
Krankheiten. Zu Bologna hat man entdeckt, daß
das Decoct der Blätter die Würmer aus menſch-
lichem Leibe vertreibt.

XXXI. Der Strauch Palqui gleicht dem
Hollunder-Baum, nur daß ſeine Blüthen gelb,
und eine 5 bis 6 Zoll lange Aehre bilden. Das

Hol,

Holz davon ist sehr zerbrechlich. Demungeachtet
wissen die Indianer es durch das Reiben zweyer
Stückgen zum Brennen zu bringen. Dieses nennen
sie Repu. Es ist das beste bekannte Mittel wider
das hitzige Fieber, wenn man den Saft der Blätter
und der Rinde dem Kranken zu trinken giebt. Ein
solcher Getrank ist äuserst erfrischend. Der landmann hält die Blätter für ein Gift, welches das
Rindvieh in wenig Stunden tödte. Dieses scheint
aber wegen ihrer Heilkraft ihres Safts in den
Menschen unglaublich zu seyn. In einer der
Fernandes-Inseln wächst auch das Pfeffer-
Bäumchen; der Strauch Guajacano, dessen
Holz die Italiener *Legno Santo* nennen, findet
sich in den nördlichen Provinzen, und die orientalische Sena trift man auch bey den Quellen des
Flusses Maipo an.

XXXII. Zu der Classe de Sträuche wollen
wir noch setzen das Chilische Rohr, und die
Weide Boqui. Das Chilische Rohr ist von dreyerley
Gattung. Die erste wird Coleu, die zweite Kila,
und die dritte Valdivisches Rohr, weil es bey
Valdivia wächst, genannt. Alle drey Gattungen
sind fest, und unterscheiden sich dadurch vom Europäischen Rohr (welches hier ebenfalls wächst,) daß
sie inwendig mit einer holzigen Substanz angefüllt
sind. Das Rohr Coleu wächst bis 16 Fuß hoch,
und hat eine harte, glatte, und gelbliche Rinde.

Die

Die Knoten daran sind zwo Spannen von einander
entfernt, und die Blätter, welche büschelweise am
Ende des Stammes herauskommen, sind lang und
schmal. In der Dicke gleicht es dem Europäischen
Rohr. Die zweyte Gattung Kila ist wohl drey
oder viermal so dick, und gleicht übrigens der ersten
in allen. Das Valdivische Rohr ist Pommeran-
zengelb, und seine Knoten sind näher an einander.
Alle drey Gattungen sind den Landeseinwohnern
sehr nutzbar. Die erste dient ihnen zu Latten, die
Häuser zu bedecken, wo sie sehr dauerhaft sind,
wenn sie vor der Nässe verwahrt werden; die zweite
Gattung wird zu Lanzen und Spießen gebraucht,
und das Valdivische Rohr zu Handstöcken,
welche hoch geschätzt werden. Auf dem Ufer des
Meers wächst ein Strauch, Namens Sosa, dessen
Wurzel ungefehr 2 Fuß lang und gelb ist, mit vielen Stengeln, die 4 bis 5 Fuß lang, und so dick als
eine Schreibfeder sind, und auf der Erde liegen.
Diese sind mit einer grünen Schale, und bey der
Wurzel mit gelblichen, schmalen, und anderthalb
Zoll langen Blättern bedeckt. Der Ueberrest der
Stengel ist mit zwey Zoll langen, und zwey bis drey
Linien breiten Schotten bekleidet, welche hellgrün
und mit einem klaren salzigten Saft angefüllt sind,
woraus ein gutes Küchensalz, dessen sich die Einwohner bedienen, bereitet wird. Dieses geschiehet,
indem der Strauch mit der Wurzel verbrannt,
und die Asche mit Wasser vermischt der Sonne

aus-

ausgesetzt wird. Diese Asche hat fast alle Eigenschaften der Pottasche.

XXXIII. Die zähe Weide Voqui wächst in
den schattigten und feuchten Wäldern, wo sie sich
um die Bäume hinanschlängelt, und wenn sie ans
Ende gelanget ist, senkrecht herab fällt; und so
steigt sie einigemal wechselsweise hinan, und fällt
wieder herab. Sie ist einer dünnen und biegsamen
Weide gleich, und ist so fest, daß man sie wohl
zerschneiden, aber nicht zerreißen kann. Ihre Blätter, welche über drey Fuß weit von einander entfernt
hervorkommen, sind länger als jene des Epheus,
dunkelgrün, glatt und dreimal eingeschnitten. Ihre
Frucht wächst neben den Blättern hervor, und
bestehet in sechs Zoll langen und anderthalb Zoll
breiten Beeren, welche unreif schwärzlich, und reif
gelb sind, und ein weißes, butterähnliches, und
schmackhaftes Fleisch, mit drey oder vier Saamenkörnern, die jenen des Baumwollenbaums gleichen,
enthalten. Wenn diese Weide durch das Feuer
abgeschält wird, so wird sie viel biegsamer, und läßt
sich zu dauerhaften Stricken flechten. Sie ist auch
noch zu ander häuslichen Diensten nutzbar, z. B.
zu Körben und Palisaden an einander zu flechten,
wo sie auch unter Wasser sich lange Zeit erhalten.
So giebt es auch in Chile viele von dem unsern
unterschiedene Arten von Epheu, deren einige wegen
der Form ihrer Blätter, andere wegen der Bildung
und des lieblichen Geruchs ihrer Blüthen sehr
schön

schön und schätzbar sind. Auch sind die Gattungen von Binsen hier sehr mannigfaltig. Jene,
welche Totora genannt wird, ist die merkwürdigste.
Sie ist sehr hoch und dreyeckig. Die Indianer
bedienen sich derselben, ihre Hütten zu bedecken;
weil sie unter allen Gattungen die dauerhafteste
ist, und nicht nur schwerlich Feuer fängt, sondern
auch, wenn sie brennt, in keine Flamme ausbricht.

XXXIV. Chile ist reich an Waldungen,
besonders zwischen dem 33 und 45 Grad der Breite.
Die Verschiedenheit der Bäume ist wunderbar
groß, und der größte Theil grünt das ganze
Jahr. Alle wildwachsende Bäume sind, wenn man
dem Maulbeerbaum, die Cypreße, den Lorbeer-
und Weidenbaum, der jedoch nicht ganz gleich ist,
ausnimmt, von den Europäischen unterschieden.
Man theilt sie in zwo Klassen, in jene, die im Winter
ihrer Blätter beraubt werden, und in die übrigen,
die in allen Jahrszeiten ihr grünes Laub erhalten.
Von den ersten habe ich 23 Gattungen beobachtet,
und 74 von den übrigen. Die merkwürdigsten
von der ersten Klasse heißen Killai, Spino,
(Dornbaum) Roble, und Maque.

XXXV. Der Baum Killai wächst in ber-
gigten Gegenden. Seine Blätter gleichen jenen
der Eiche an Farbe und rauher Oberfläche, sind
aber weniger eingeschnitten. Seine Frucht ist
Stern-ähnlich gebildet, und enthält vier oder
fünf Saamenkörner. Sein Holz ist röthlich,

hart,

hart, und zerſpaltet ſich nie; daher es die Bauern
zu Steigbügeln brauchen. Aber der ſchätzbarſte
Theil dieſes Baums iſt die Rinde, welche zerſtoßen
und durch Waſſer in einen Teig gemengt, die
Dienſte der Seife thut, die Flecken vertilgt, und
alle Arten von Wollen= und Leinenzeug reiniget.
Der Spino, welchen die Spanier wegen ſeiner
vielen Dörner ſo nennen, wächſt überall. Er
wird ſehr hoch, beſonders in fettem Erdreich.
Sein bräunlicher, marmorirter, ſchwerer und ſehr
harter Stamm iſt mit einer Rinde bedeckt, die
jener des Maulbeerbaums gleicht. Seine Blätter
ſind ſehr klein, eingeſchnitten, von hellgrüner
Farbe, und büſchelweiſe geordnet. Seine Blü=
then, womit die Zweige ganz bedeckt werden,
gleichen einem gelbſeidnen Knopf, und ſtreuen
einen aromatiſchen Geruch aus. Dieſe Blüthen
verwandeln ſich in ſpannenlange und einen Zoll
dicke Bohnen, welche zuerſt grün ſind, hernach
ſchwärzlich werden, und ein weißes Mark enthal=
ten, das mit braunen Saamenkörnern, einer Lieb=
lingsſpeiſe der Papageyen, angefüllt iſt. Der
Stamm des Dornbaums iſt das gewöhnliche
Brennholz des Landes, und giebt vortrefliche Koh=
len. Der Blüthen bedienen ſich die Weiber,
ihre Kleider wohlriechend zu machen, die Bohnen
geben eine köſtliche Dinte.

XXXVI. Der Baum Roble wächſt längſt
dem Meer, und auf dem Gebürge Andes, wo er

zu einer erstaunlichen Höhe gelangt. Sein Stamm
ist dunkelroth, dicht und schwer, und erhält sich
unversehrt unter Wasser. Seine Blätter gleichen
jenen des Ulmbaums. Auf den zärtern Aesten
bilden sich gewisse purpurfärbige runde Auswüchse
von vier bis fünf Zoll im Durchmesser, voll gelber
Kügelgen, von süßem Geschmack, welche die
Bauern gerne essen. Das Holz dieses Baums
wird gebraucht, Schiffe und Häuser zu bauen.
Es scheint, die Spanier haben ihm den Namen
Roble (Robur) wegen seiner Härte gegeben, ob
er gleich von der Gattung weit unterschieden ist,
welcher der gesagte Name in Europa eigentlich
zukommt. In der Sprache der Amerikaner heißt
er Pellin. Maque ist ein Baum von mittelmäßiger Größe. Seine Blätter sind groß, voll
Fiebern, zackicht, an Gestalt einem Herzen gleich,
und süß. Seine Früchte gleichen Mirtenbeeren,
sind schmackhaft, erfrischend, und von violetblauer
Farbe, welche die Hände und Lippen derer färbt,
die sie essen. Wenn man seine Blätter käuet, so
sind sie ein sehr wirksames Mittel wider das
Halsweh.

XXXVII. Die Bäume der zweiten Klasse
werden in zwo andere Unterklassen getheilet; in
jene, die keine eßbare Früchte tragen, und in andere, deren Früchte eßbar sind. Unter den ersten
sind der Canelo, Alerze, Maiten, Patagua,
Temo, Litre, Bollen, Perquilauquen, und

unter

unter den übrigen der **Chilische Fichtenbaum,**
der **Palmbaum,** der **Lucuma, Avellano, Keule,
Peumo, Boldo** und **Kisco** die merkwürdigsten.

XXXVIII. Der **Canelo** hat diesen Namen
von den Spaniern erhalten, weil er dem orientalischen Zimmetbaum ganz gleich siehet. Er
wächst sieben bis acht Ruthen hoch; sein Holz
hat die Farbe einer Buche, und ist in Gebäuden
von guter Dauer. Seine dicke Rinde ist äußer-
lich weißlich, und inwärts an Farbe, Form, Geruch
und Geschmack dem Zimmet gleich, nur daß der
Geschmack stärker und durchdringender ist. Seine
Blätter gleichen sehr den Lorbeerblättern, und seine
Blüthe, welche an den Spitzen der Zweige büschelweise hervorkommen, sind klein, sternförmig, weißlich und von 6 Blättern. Aus den Blüthen
werden ovalförmige, fünf bis sechs Linien lange
Beeren, von schwarzblauer Farbe. Wenn dieser
Baum nicht der wahre Zimmetbaum selbst ist, so
ist er gewiß eine denselben untergeordnete Gattung, oder der Zimmetbaum, welchen Winter in
der Magellanischen Meerenge antraf. Er ist bey
den Indianern ein heiliger Baum; denn bey
allen ihren Festen wird ein Zweig davon hoch
aufgesteckt. Auch tragen diejenigen, welche den
Frieden verlangen, zum Zeichen der freundschaft-
lichen Gesinnung einen Zweig von diesem Baum
in Händen.

XXXIX.

XXXIX. Alerze ist eine Gattung von rother Ceder, und wächst auf dem Gebürge Andes zwischen dem 40 und 45 Grad, und auf der Insel Chiloe. Seine Blätter sind jenen der Cypresse ähnlich, und sein Stamm ist so dick und hoch, daß die Indianer in Chiloe sieben bis achthundert, 18 Fuß lange und anderthalb Fuß breite Bretter von einem einzigen gewinnen, und noch mehrere herausbringen würden, wenn sie anstatt der Keile die Säge brauchten. *) Diese Bretter werden sowohl wegen ihrer dunkelrothen Farbe, als wegen ihrer leichten Bearbeitung und Dauerhaftigkeit hoch geschätzt. In den nemlichen Gegenden wächst auch der wohlriechende weiße Cederbaum. Maitèn ist einer der schönsten Bäume in Chile. Er wächst wohl 40 Fuß hoch, und sein Holz ist hart, dicht, roth mit gelb vermischt, und zu vielen schönen Arbeiten brauchbar. Seine Blätter sind klein, zackigt, von einer schönen hellgrünen Farbe, und so dicht, daß sie Menschen und Vieh vor dem Regen schützen. Auch ziehet das Rindvieh diese Blätter jedem andern Futter vor.

XL. Der Baum Patagua wächst auf den Ufern der Flüsse und Bäche, und in allen feuchten Gegenden. Er wird sehr hoch, und oft so dick,

daß

*) Was der P. Gregorio di Leon in seiner Beschreibung des Landes Chile sagt, man könne ihn mit einem 24 Ellen langen Seil nicht umfassen, ist übertrieben.

daß vier Menschen ihn kaum umarmen können.
Sein Holz ist weiß und von geringer Dauer,
besonders wenn es dem Wasser ausgesetzt ist.
Seine Blätter sind drey bis vier Zoll lang, etwas
rauh und dunkelgrün. Seine Blüthen, welche
aus allen Aesten hervordringen, gleichen an Form,
Farbe und Geruch den Lilien; sind aber um zwey
Drittel kleiner, hangen herabwärts, und ihr Ge=
ruch ist schwächer. Vom Temo giebt es zwo
Gattungen, der weiße und der gelbe, und beide
wachsen überall. Ihr Stamm ist mit einer gelb=
lichen Rinde bekleidet, inwärts aber aschenfarbig,
hart, und sehr dicht. Er wird daher von Wag=
nern und andern Handwerkern, welche hartes
und dichtes Holz bearbeiten, gebraucht. Seine
Blätter gleichen an Farbe und Gestalt Pomeran=
zenblättern, an Geruch und Geschmack der Mus=
katennuß. Die zwo Gattungen unterscheiden
sich durch die weißen und gelben Blüthen, welche
aus vielen vier bis fünf Zoll langen Fasern be=
stehen, und einen sehr angenehmen Geruch aus=
streuen, den man wohl 200 Schritt weit empfin=
det, wenn der Wind von ihnen her.wehet.

XLI. Der Litre ist von mittelmäßiger Höhe,
wird aber sehr dick. Sein Holz ist fest, braun,
gelb und grün marmorirt, nnd die Blätter sind
rund, rauh, dünn, zerstreuet und blaßgrün. Der
Schatten dieses Baums ist schädlich. Wer sich
unter ihm aufhält, bekommt auf den Händen und

im

im Angesicht rothe und beißende Bläsgen. Die
Bäume Bollen und Perquilauquen sind dick
belaubt und hoch, wenig von einander unterschieden, und Liebhaber bergigter Gegenden. Ihr Holz
ist ein wahres Gift. Jedoch halten es die Indianer in gewissen Krankheiten für ein vortref-
liches Mittel zu reinigen. Man giebt alsdenn
dem Kranken eine gar kleine Dose, wodurch sie
allen zähen und verstopfenden Unrath so wohl
durch das Brechen, als durch den Stuhl mit
großer Heftigkeit auswerfen. Will man die
Wirksamkeit dieses Mittels stillen, so darf man
nur ein Glas Wasser trinken. Beider Bäume
Blätter gleichen jenen des Citronenbaums an
Gestalt; aber ihre Farbe ist lebhafter und heller,
besonders jene des Bollen. Auf den Fernandes-
Inseln finden sich alle die drey bekannten Gattungen des Sandelbaums, der weiße, rothe und
Citronenfärbige. Der letztere, welcher von den
Aerzten sehr gesucht wird, ist nach dem Zeugniß
eines berühmten teutschen Arztes besser, als der
orientalische. Der innere Theil des Andischen
Gebürges, welcher noch meistens unzugänglich
ist, ist mit unermessenen Wäldern bedeckt, wo man
viele Gattungen von Bäumen antrift, deren Namen so gar noch unbekannt sind. Einige darunter sind über alle Maßen hoch und dick. Ein
Mißionär erhielt von einem solchen Baum alles
Holzwerk für eine Kirche, die über 60 Fuß lang

war,

war, worunter nicht nur Balken, Säulen und
Tafelwerk, sondern auch die Thüren, Fenster,
und zwey Beichtstühle begriffen waren.

XLII. Die Chilische Fichte (Pino-Chileno)
ist einer der sonderbarsten und schönsten Bäume
in Chile. Die Spanier haben ihm den Namen
einer Fichte gegeben, ob er gleich mit der Europäischen Fichte, die auch hierher versetzt worden
ist, nicht das geringste gemein hat. Die Indianer nennen ihn Peguen. In der Provinz der
Araucaner (Arauques) wächst er wild; in den übrigen Provinzen aber wird er gebauet; und es ge-
hören viele Jahre dazu, daß er seine vollkommene
Höhe, von mehr als 50 Schuh, erreiche. So
lange er klein ist, bedeckt er sich ganz mit Aesten
und Blättern, indem er aber aufwächst, legt er
die untere Bedeckung ab; und wenn er ungefehr
zwo Ruthen hoch gekommen ist, treibt er dicke
Zweige, vier und vier hervor, welche sich horizon-
tal ausbreiten, und rechte Winkel gegen einander
bilden. Die vier nächstfolgenden, und die übrigen bis an die Spitze werden immer kürzer als
die untern, dergestalt, daß der Baum eine vollkommene Pyramide vorstellt. Am Ende beugen
sich die Zweige hinaufwärts, und auf allen ihren
Seiten kleiden sie sich mit Aesten, die ebenfalls
rechtwinklicht auf einander stoßen. Sowohl die
Hauptzweige, als ihre Aeste, sind ganz mit Blättern, die in einander laufen, bedeckt. Die Blätter

sind

sind über einen Zoll lang, spitz, auf ihren Flächen erhoben, glatt, von einer glänzenden grünen Farbe, und so hart, daß sie Holz zu seyn scheinen. Ihre Frucht ist in einer hölzernen Kugel, von der Größe eines Kopfs, eingeschlossen. Sie ist kegelförmig, ungefehr zwey Zoll lang, und mit einer kastanien‌ähnlichen Schale bedeckt, welcher sie auch an Ge‌schmack gleicht, und ist in der Mitte vermittelst einer feinen Haut getheilt. Diese Kern sind sehr nahrhaft, und ihr Mehl dient den Americanern zur Nahrung im Kriege. Die Spanier essen sie gesotten oder geröstet, wie die Kastanien.

XLIII. Der Palmbaum gleicht an Stamm und Blättern den Palmen, die man auch in Europa antrift; aber die Früchte sind sehr unterschieden. Der Landmann nennt sie Coco. Sie sind rund, dicker als eine Welsche Nuß, und mit zwey Scha‌len versehen, wovon die erste schwammig, und die zweite holzartig, wie jene der Haselnüsse, jedoch etwas härter ist. Die letzte Schale enthält einen runden weißen und wohlschmeckenden Kern, welcher, wenn er frisch ist, in seinem Mittelpunkt einen milchähnlichen und erfrischenden Saft ent‌hält. Diese Nüsse wachsen an vier Trauben, die drey Fuß lang sind, und an den vier Seiten vom Baum herabhangen. Wenn diese Trauben an‌fangen, die Frucht zu bilden, so bedecken sie sich mit einer hölzernen, grauen und ovalen Schal‌, welche sich nach dem Maaß, als die Frucht sich

ihrer

ihrer Reife nähert, immer mehr öfnet, und wenn
sie vollkommen reif ist, sich in zwey Theile spaltet,
die auf beiden Seiten der Traube herabhangen.
Jede Traube trägt mehr als tausend Nüsse.
Neben dem, daß die Einwohner diese Frucht vortreflich einzumachen wissen, ziehen sie nicht nur ein
wohlschmeckendes Oehl daraus, sondern aus den
zarten Spitzen der Palmzweige ein viel lieblliche-
res Honig, als jenes ist, welches aus dem Zucker-
rohr bereitet wird. Solche Palmbäume wachsen
hier wild, und bilden ganze Wälder. In den nördlichen Provinzen findet sich auch der Palmbaum,
welcher Datteln hervorbringt, und in den Wäldern, die sich dem Meere nähern, noch ein anderer,
der von weitem einem Palmbaum gleichsiehet.
Seine Blätter sind 5 bis 6 Fuß lang, zwey
Spannen breit, glatt, hellgrün und herabgezogen.
Der Stamm ist so dick als der Schenkel eines
Mannes, und mit schuppichten Schalen bedeckt.
Auch aus diesem Stamm wachsen in der Gegend,
wo die Blätter hervorkommen, und auf vier Seiten Trauben von vielen Körnern, welche gänzlich
den schwarzen Weinbeeren gleichen. Als ich diesen Baum zum erstenmal antraf, unterstand ich
mich nicht, von seinen Früchten, die mir unbekannt
waren, zu kosten.

XLIV. Der Baum Lucuma wächst wild in
den nördlichen Provinzen, besonders im Gebiet
Coquimbo; daher wird er auch Lucuma von

Coquimbo

Coquimbo genannt. In den mittäglichen Ländern wird er durch Kunst fortgepflanzt. Er hat viele Aehnlichkeit mit dem Lorbeerbaum. Seine Frucht ist von der Dicke einer Pfirsche, erst mit einer grünen, und wenn sie reif ist mit einer bräunlichen und etwas gelblichen Schale bedeckt. Das Fleisch der Frucht ist weißlicht, mürbe wie Butter, von lieblichem Geschmack, und enthält zwey oder drey harte, glatte, braune und glänzende Kern. Der Avellano hat etwas ähnliches mit der Haselnußstaude in Europa, und hat daher seinen Namen erhalten. Er wächst auf dem Gebürge und am Meer. Seine Blätter sind zwar an der Form jenen der Haselstaude gleich, sind aber dicker, glatter und grüner. Seine Nüsse wachsen einzeln, nicht büschelsweise wie die Europäischen, und haben, so lange sie grün sind, eine schwammige, hernach eine rothe, und endlich eine schwarze Schale, und sind etwas größer als die Europäischen Nüsse; der Kern hat aber den nemlichen Geschmack.

XLV. Der Keule wächst über 60 Fuß hoch. Seine Blätter, welche länger und breiter als eine Hand sind, sind glatt, zart, und von hellglänzender grüner Farbe. Seine Früchte, womit er ganz bedeckt wird, gleichen jenen des Lucuma, nur daß sie runder und ganz gelb sind; weswegen sie zwischen den grünen Blättern sehr angenehm in die Augen fallen. Das Fleisch der Früchte ist

(D) weißlich,

weißlich, fett und süß. Der Peumo hat wohlriechende, dicke und dunkelgrüne Blätter, die in
ihrer Bildung und Größe jenen des weißen Maulbeerbaums gleich sind. Seine Früchte gleichen
jenen des Brustbeerbaums (Ziziphus), ausgenommen, daß seine Schale meistens roth,
manchesmal weiß, und oft auch aschenfärbig ist.
Diese Beeren, welche ein sehr mürbes und schmackhaftes Fleisch haben, ißt man, nachdem sie in
laulichem Wasser gelegen sind. Ihr Kern ist
leicht zu zerbrechen, und wenn er gepreßt wird,
giebt er ein gutes Oel; wovon man aber bisher
noch keinen Gebrauch gemacht hat. Boldo ist
ein ganz aromatischer Baum, dessen Holz, Rinde,
Blätter und Früchte einen sehr angenehmen
Geruch geben. Die Blätter sind groß, bräunlich,
rauh und klebrich, und die Frucht ist süß, gelb
und dicker als die Beere des Mirtenbaums. Ihr
Kern ist sehr hart, und man bedient sich derselben
zu Rosenkränzen, wo er durch den Gebrauch schön
wird. Die Rinde des Baums theilt den Wein-
fässern einen angenehmen Geruch mit.

XLVI. Der Kisco, welcher bey den Botani-
kern unter dem Namen Cereus Peruanus bekannt
ist, wächst auf den Bergen und auf trockenem
Boden. Er hat nie Blätter, und gehört nur
deswegen zu dieser Klasse, weil er in keiner Jahrszeit einiger Aenderung unterworfen ist. Er wächst
nicht über 20 Fuß hoch, und wird sehr dick.

Sein

Sein Stamm iſt von der Wurzel bis auf den
Gipfel geſtreift, und mit langen Dörnern verſehen; worunter einige über Spannen lang ſind.
Dieſe Dörner ſcheinen von Knochen zu ſeyn, und
einige vereinen ſich zur Geſtalt eines Sterns.
Die Rinde des Stamms iſt zart, glatt, und von
einer ſchönen grünen Farbe. Sie umhüllet eine
weiße, mürbe und ſaftige Subſtanz, in deren
Mitte ein holzartiger harter Körper durchgehet,
der ſo brennbar iſt, als die Fackeln, die man aus
Kienholz macht. Seine Blüthen, welche aus
vielen zwey Zoll langen purpurfärbigen Blättern
beſtehen, ſind ohne Geruch. Aus der Blüthe
entſtehet eine runde Frucht von der Größe eines
Apfels, von klebrigtem ſüßem Saft, mit unendlich
vielen ſchwarzen Saamenkörnern angefüllt, und
mit einer rauhen Haut bedeckt. Die weiße Subſtanz, woraus das Innere des Stamms beſtehet,
heilt die Schmerzen der Schultern. Obgleich
der Kiſco in dem trockneſten Erdreich wächſt, ſo
iſt doch ſein Inneres ſo ſaftvoll, daß wenn man
mit einem Stock hineindringt, eine Menge Saft
drey bis vier Schuh weit hervorſprißt. Es finden
ſich in Chile auch einige Arten von Johannis-
brodtbäumen, welche durch die Form, länge und
Breite ihrer Schoten von einander unterſchieden ſind.

XLVII. Die Europäiſchen Obſtbäume, z. B.
der Apfel- Birn- Kirſch- Pflaumen- und Feigen-

Baum,

Baum, der Pfirſich= Aprikoſen= Granatäpfel=
Mandeln= Nuß= und Oliven=Baum, der
Pommeranzen= Citronen= und Kaſtanien=Baum ꝛc.
und ihre Früchte gerathen in Chile ſo gut, als in
Europa. Die Apfelbäume haben ſich daſelbſt ſo
ſehr vervielfältiget, daß ſie in den ſüdlichen Pro=
vinzen freywillig hervorkommen, und große Wäl=
der bilden. Die Pfirſiſche, deren man mehr als
zwölf Gattungen zählt, werden ſo dick, beſonders
bey der Hauptſtadt, daß viele bis auf 16 Unzen
wiegen. Die berühmteſten wegen ihres Ge=
ſchmacks, Schönheit und Größe ſind die ſo genann=
ten Alberchigos, deren Baum, nachdem er ſie im
Februar hervorgebracht hat, am Ende des Aprils
andere, von der Größe und Geſtalt einer Mandel,
hervorbringt, welche deswegen Almendruche ge=
nannt werden, und ſehr ſchmackhaft ſind. Eine
andere Gattung, rund von Geſtalt, und etwas
größer als die Almendruche, die man de la Vir=
gen (von der Jungfrau) benennt, werden im
Frühling reif. Die Quitten=Aepfel werden
auch ſehr groß. Es giebt welche, die über drey
Pfund ſchwer ſind. Es ſind ihrer zwo Gattun=
gen, ſaure und ſüße. Jene ſind den Europäiſchen
gleich, und dieſe ſind zwar gleich gebildet, aber
ihr Fleiſch iſt ganz gelb und ſehr ſüß; ob man
gleich an den Bäumen ſelbſt keinen Unterſchied
wahrnimt. Die ſüßen werden auch Lucume ge=
nannt, worunter die Lucume von Coquimbo be=
rühmt ſind. XLVIII.

XLVIII. Die Birn, Kirſchen und Pflaumen ſind durch Nachläßigkeit der Einwohner in Chile noch nicht zu der großen Verſchiedenheit gelangt, welche die Kunſt zu pfropfen in Italien eingeführt hat. Man überläßt die Obſtbäume meiſtens der Natur allein, welche dem ungeachtet durch den Beyſtand des ſanften Klima und des fruchtbaren Erdreichs ihre Früchte zu einer großen Vollkommenheit bringt. Die Bäume ſelbſt werden hier größer als in Europa, beſonders der Feigenbaum, der Birn- Nuß- und Olivenbaum. Der P. Ovalle ſchreibt zwar in ſeiner Geſchichte von Chile, zu ſeiner Zeit, nemlich 1640, ſeyn in Chile die Nüſſe hart, und von kleinerem Kern, als die Europäiſchen geweſen; aber heut zu Tage iſt die geſagte Art faſt ganz eingegangen, und nun hat man Nüſſe von großem und vollem Kern, und von einer ſehr dünnen Schale. Die Pommeranzen- und Citronen-Bäume jeder Art ſtehen hier jederzeit unter freyem Himmel, wie andere Bäume, werden hoch und dick, und geben viele Früchte. Der ſüßen Limonien und Pommeranzen giebt es hier zwo oder drey Gattungen. Unter den ſauern Limonien giebt es eine kleine Gattung, welche ganz rund, etwas größer als eine Nuß, und von ſehr kalter Natur ſind, und feine Limonien genannt werden. Ihr Baum iſt größer, als jener von der gemeinen Art, und hat kleine Blätter, wie der Pommeranzen-Baum. Dieſe kleinen Limonien

(D) 3 werden

werden wegen ihrer ungemein großen Erfrischung in hitzigen Fiebern allen übrigen Gattungen vorgezogen; auch werden sie so ganz wie sie sind, mit Zucker eingemacht, sehr geschätzt.

XLVIIII. Der Weinstock, welchen die Spanier in Chile eingeführt haben, geräth auch sehr wohl. Ueberall, wo sie wohnen, sind Weinberge. Der Wein ist meistens stark, und widerstehet der Schiffahrt. Er ist meistens dunkelroth, und wird ohne einiges Wasser zubereitet. In den Ländern, die der Stadt Concepcion am nächsten liegen, wächst der beste. Dieser hat alle die guten Eigenschaften, die man nur verlangen kann, und giebt keinen Europäischen an Güte etwas nach. Auch wächst hier ein köstlicher Muskateller-Wein. So fehlt es auch nicht an Brantewein, den man aus Wein bereitet. Die Weinstöcke wachsen in dem nördlichen Theil bis vier Fuß hoch, im mittäglichen aber sehr niedrig. Es ist sonderbar, daß man fast in allen Wäldern, besonders längst den Flüssen, Weinstöcke antrift, welche sich auf den Zweigen der Bäume ausbreiten, und Weintrauben in Menge tragen. Man glaubt, daß die Vögel mit den Weinbeeren, die sie mit sich in die Wälder tragen, den Saamen davon dahin bringen.

L. Das Getreide geräth hier so reichlich, daß es mehr als hundert und funfzig für eins giebt. Aus jedem Saamenkorn kommen mehrere Aehren,

Aehren, und oft ganze Büsche von Aehren. Daher ist der Weitzen sehr wohlfeil, ob man gleich eine große Menge nach Peru ausführt. Eben so fruchtbar ist daselbst das Türkische Korn, wovon man einige Gattungen anbauet. Ein jeder Stengel trägt gemeiniglich vier oder fünf dicke Kolben. An allen übrigen Arten von Euro-päischem Getreide und Hülsenfrüchten hat Chile in allen seinen Provinzen einen Ueberfluß.

LI. Obgleich der Hanf und Lein in Chile überall, wo man sie bisher gesäet hat, wohl gera-then, dennoch wird der Hanf der Provinz Quillota, und der lange und schöne Flachs der Insel Chiloe mehr gesucht. In den Gegenden, die sich dem Wendezirkel nähern, wachsen auch Baumwolle und Zuckerohr von sehr guter Art. Die Gur-ken, deren man hier sieben bis acht Gattungen hat, sind besonders in den Ländern, die von Spa-niern bewohnt werden, sehr gemein. Sie sind sehr groß, und von der größten Vollkommenheit. Die Melonen, deren es viele Gattungen hier giebt, sind größtentheils von länglichter Figur, wohlschmeckend, und von sehr feiner Schale. Man findet welche, die drey Fuß lang sind. Unter der großen Verschiedenheit der Kürbisse, die hier wachsen, ist eine von Sidro genannte merkwürdig. Die Indianer bereiten sie mit gewissen wohl-riechenden Spezereyen, und lassen ihren Apfel- und Birnmost darin gähren. Sie ist rund, und hält

(D) 4   wohl

wohl 30 bis 35 Maaß. Die Erdbeeren wachſen hier, wie in Europa, theils wild, und theils angebauet. Die wilden, die in den mittäglichen Gegenden wachſen, ſind in allem den Europäiſchen gleich; aber die gebaueten werden ſo dick, als die größte Welſche Nuß, und im Gebiete der Stadt Concepcion und am Fluß Biobio wie ein kleines Hüner-Ey. Unter den Erdbeeren finden ſich auch gelbe und weiße, und ſowohl dieſe, als die purpurfärbigen riechen und ſchmecken ſehr angenehm.

LII. Die Baumfrüchte, die unter dem heißen Erdgürtel gedeihen, z. B. Chirimoia, Bananas, Guanabano, Granadilla, Guaiava, Camote ꝛc. gerathen auch ſehr wohl in den Chiliſchen Provinzen, die ſich Peru nähern. Der Indianiſche Feigenbaum, den man in Chile Tuna nennt, wächſt hier faſt überall, und die Frucht, die er trägt, iſt von der Größe der Europäiſchen Feigen, und von gutem Geſchmack. Ich weiß nicht, ob dieſes Bäumchen inländiſch, oder von Peru dahin gekommen ſey. Sicher iſt es, daß man es in ganz wüſten Gegenden findet. Wenn man ſeine Blätter, welche äußerſt klebericht ſind, mit Waſſer vermiſcht, erhält man eine weiße Farbe, womit man die Häuſer von außen her übertüncher.

§. II.
Producte aus dem Reiche der Thiere.

LIII. Die Chilischen Küsten sind reich an Conchylien von allen drey Gattungen, worin sie von ihren Liebhabern getheilt werden. Je mehr man sich dem südlichen Pole nähert, desto mehr nimmt ihr Ueberfluß zu. Unter ihnen findet sich eine erstaunliche Verschiedenheit an Farben und an Bildung. Auch sind sowohl nahe als ferne vom Meer ganze Bänke von Seemuscheln unter der Erde.*) Der Landmann gräbt sie aus, und brennt sie zu Kalk. Unter den Meerschnecken finden sich viele Gattungen von sehr gutem Geschmack. Auf der ganzen Küste fischt man Austern von verschiedener Art. Die Tellinnen, in der Chilischen Sprache Choros, sind sehr gemein; und die besten finden sich bey der Insel Quiriquina. Diese sind nicht nur sehr fett, sondern auch von der Länge einer Spanne; und was ihre Farbe betrift, so sind sie entweder gelblich oder schwarz; und die ersten werden am meisten gesucht. In beiden findet man schöne kleine Perlen. Die sich in Flüßen aufhalten, sind klein und ohne Geschmack.

LIV. Die übrigen Conchylien, welche am meisten gesucht werden, nennen die Spanier Tache,

(D) 5   Loco,

*) Man findet sie in der nemlichen Menge auf Bergen, die wohl 20 Ruthen höher als das Meer sind.

Loco, Papageyen-Schnabel, Comes, Stachelschnecken, und Piur. Die Tache werden Macha
genannt, wenn sie länger als breit sind. Gegen
ihre Oefnungen sind sie wie halbe Cirkel gebildet,
und inwendig haben ihre Schalen die Farbe der
Perlemutter. In den längern haben die Hollän-
der bey der Magellanischen Meerenge Perlen
gefunden; aber in Chile wird dieser Gegenstand
des Handels vernachläßiget. Die Spanier geben
der Conchylien Loco auch den Namen Eselsfuß,
wegen ihrer Gestalt. Sie ist weißlich, voller
kleiner Erhöhungen, über 5 Zoll lang, und ungefehr 4 Zoll dick. Des Muschelthiers Fleisch ist
schmackhaft, voll Substanz, und so hart, daß es
weder zwischen zwey Steinen gequetscht, noch durch
Feuer weich wird. Jedoch haben die Landes-
Einwohner ein Mittel gefunden, es zu erweichen.
Sie hauen es erst sachte, hernach stärker mit einer
Ruthe, und so wird es weich. Daher sollen ihm
die Spanier den Namen Loco (närrisch) gegeben
haben. Es ist mit einem trompetenähnlichen
Rüssel versehen, aus welchem ein purpurfärbiger
Saft fließt, der der Wolle eine unauslöschliche
Farbe giebt

LV. Der Papagayen-Schnabel wird so genannt, weil diese Conchylien dem Kopf dieses Vogels
an Gestalt und Größe gleicht. Er wächst in einem
schwammigen Behältniß, das fast einen Bienenkorb
gleicht, welcher an den Klippen hängt; und mit
dem

dem Muschelthier, wenn man es essen will, ge=
braten wird. Es ist von köstlichem Geschmack.
Die Comes leben in Höhlen der Steinklippen bey
der Insel Chiloe, woraus man sie mit eisernen
Spießen heraus arbeiten muß. Sie sind nicht
ganz eine Spanne lang, und ungefehr zwey
Zoll dick, und in eine doppelte Schale gekleidet.
Man kann sie unter die Meerdaktilen rechnen.
Nach allgemeinem Geständniß derer, die sich auf
den Inseln Chiloe befunden haben, sind diese See=
muscheln die schmackhaftesten des Chilischen Meers.
Die Stachelschnecken sind entweder weiß oder
schwarz, worunter die ersten am meisten gesucht=
werden. Beide sind mit langen und spitzen
Stacheln versehen, womit sie sich fest an die Stein=
klippen anklammern. Sie sind 4 bis 5 Zoll dick.
In den Schalen finden sich zungenförmige Stücke
Fleisch, die man ißt.
LVI. Das Muschelthier Piur wohnt in einem
cederartigen, dicken, harten, und von außen mit
Moos bedeckten Behältniß, das einem Bienenkorb
gleicht. Diese Körbe sind von seltsamen Formen.
Einige sind drey Fuß hohen Kegeln gleich; andere
sind oval, andere cylindrisch, und andere rund
gebildet, und unter dem Wasser an den Stein=
klippen befestiget, wo sie aber durch den Wasser=
fluthen losgerissen, und ans Land geworfen werden.
Das Thier lebt in gewissen ovalförmigen und
geschlossenen Zellen. Es ist roth, zwey Zoll
lang,

lang, und wie ein Beutel gebildet, mit zwey
Brüsten, worinn ein salziger Saft von angenehmen
Geschmack enthalten ist. Wenn man die bedek-
kende Haut der Zellen öfnet, so sprizt mit Gewalt
ein Saft heraus. Ein jedes der Behältnisse,
wenn es groß ist, enthält 14 bis 15 Piuren. Die
Landes-Einwohner essen sie entweder gebraten
samt ihren Behältnissen, oder gesotten.

LVII. Das Meer und die Flüsse sind reich
an Krebsen, und Hummern. Unter den Meer-
krebsen sind der Xaive, Apancore, und Santolle,
wie sie in der Landessprache heißen, die besten.
Alle diese haben zehn Füße, unter denen die zwey
ersten zwey große Scheeren bilden. Ihre Schalen
sind fast ganz rund. Des Xaive Rücken ist über
4 Zoll breit, und die Schale ist ringsum zackigt.
Der Apancore ist noch größer, und ist entweder
ganz glatt, oder unten rauh; und eine andere
Gattung seines Geschlechts ist oben gekrönt;
aber seine Schale ist nicht ringsum mit spitzen
Zacken versehen. Zweymal so groß und schmack-
hafter als die Apancore sind die Santollen. Ihre
Schale ist ringsum mit Zoll-langen Stacheln bewafnet, welche beym Feuer leicht ausfallen. Ihr
Fleisch bleibt alsdenn mit einer rothen Haut bedeckt,
welche sich leicht abschälen läßt. Ihre Scheeren
sind größer als jene der andern Gattungen, und
sind anstatt der harten Schale mit einer weichen
Haut bedeckt.

LVIII.

LVIII. Die Flußkrebse sind klein, und dienen nur den Flußfischen zur Nahrung. Hingegen werden die Hummern der Flüsse mehr gesucht, als jene des Meers. Sie sind über eine Spanne lang, und lassen sich leicht mit einem Fischerkorb und etwas Fleisch darin, fangen. Auf den Küsten der Fernandes-Inseln finden sich auch Meer-Heuschrecken (Locuste marine) in großer Menge. Die Art sie zu fangen ist leicht. Zur Zeit der Fluth streuen die Fischer Stücke Fleisch auf das Ufer, und ziehen sie hierdurch in solcher Menge von allen Seiten her dahin, daß jene kaum hinreichend sind, sie mit Stecken vom Meer abzuschneiden. Darauf schneiden sie ihnen nur die Schwänze ab, welche getrocknet ungefehr einen Fuß lang und zwey oder drey Zoll dick sind. Sie sind eine sehr nahrhafte Speise, die besser schmeckt, als ein jeder anderer gedörrter Fisch.

LIX. Das Chilische Meer enthält einen überaus reichen Vorrath an Fischen. Man zählt ihrer über 60 unterschiedene Gattungen, welche, den Meer-Aal, die Scholle, den Thunfisch, den Lachs, den Blackfisch, den Aal, die Sardelle, den Delphin, und wenige andere ausgenommen, alle von den Europäischen unterschieden sind. Unter der großen Menge giebt es viele vortrefliche Gattungen, und es ist sonderbar, daß weder unter den kleinen noch unter den großen sich eine findet, welche mit gabelförmigen Gräten versehen

verſehen ſey. Die Vervielfältigung der Fiſche
jeder Gattung iſt entweder wegen einer ſonder-
baren Eigenſchaft des Meers, oder wegen der geringen Anzahl Menſchen, die ſie verzehren, ohne
Maaß. Es geſchiehet oft, daß man das Ufer
des Meers, beſonders zwiſchen dem 33 und 41
Grad ganz mit aufgehäuften Fiſchen bedeckt antrift, welche theils vor den größern zu fliehen ſich
dahin ziehen, theils von den ſtürmiſchen Wellen
dahin getrieben werden. Viele der Landes-
Einwohner ſtehen in dem Wahn, dieſe Fiſche ſeyn
mit einer Art von Peſt behaftet, und eſſen ſie
nicht. Aber die meiſten bedienen ſich ihrer, und
eſſen ſie theils friſch und theils getrocknet, ohne
den geringſten Schaden an ihrer Geſundheit zu
leiden.

LX. Der Fluß Cauten, welcher 900 Fuß
breit, und ſo tief iſt, daß er ſchwere Schiffe trägt,
iſt in gewiſſen Jahrzeiten über 7 Meilen die Mündung hinan ſo ſehr mit großen Fiſchen angefüllt,
daß die Indianer von beiden Ufern mit ſpitzen
Rohrſtöcken ihnen zu Leibe gehen, und ſie damit
anſpießen. Das nemliche geſchiehet im größten
Theil der ſüdlichen Flüſſe. Im Archipelagus
bey Chiloe, wo der Ueberfluß an Fiſchen vielleicht
größer, als je anderwärts in Chile iſt, fangen die
Indianer die Fiſche auf eine ganz ſonderbare Art.
In den Mündungen der Flüſſe, oder am Ufer des
Meers ſchließen ſie ein beträchtliches Revier von

Waſſer

Waſſer mit Stacketen ein, die ſie mit Weiden
durchflechten, damit kein Fiſch durchkommen könne.
An dieſem Stacketenwerk laſſen ſie eine geöfnete
Thüre, die ſie bey Anfang der Ebbe mit Stricken
zuziehen. Hier verſammlen ſich eine ſolche Menge,
und ſo ſtarke Fiſche, daß ſie oft die Stacketen
durchbrechen, und davon gehen. Aus dieſer
Menge wählen die Fiſcher von einer ſehr ſchmack‐
haften und dicken Art, welche ſie Rovali nennen,
die größten, ſie zu trocknen und zu verkaufen. Bey
den Fernandes‐Inſeln wird unter andern guten
Fiſchen auch der Baccalà gefangen. Er findet
ſich hier in ſolchem Ueberfluß, daß man den Angel
nie leer herauszieht. Wegen der vielen verbor‐
genen Klippen kann man hier mit Netzen nichts
ausrichten.

LXI. Es würde zu weitläuftig und wider die
Abſicht dieſes Werks ſeyn, alle die beſondern Ar‐
ten der Fiſche des Chiliſchen Meers zu beſchreiben.
Ich kann jedoch nicht umhin, von den Fi‐
ſchen Polpo, Diafano, und einigen andern et‐
was weniges anzumerken. Der Polpo iſt von
ſo ſeltſamer Geſtalt, daß wenn man ihn anſiehet,
wenn er ſich nicht bewegt, man ihn für einen Aſt
eines Kaſtanienbaums halten könnte. Er iſt
nicht dicker, als der kleine Finger, und nicht über
den vierten Theil eines Fußes lang. Sein Leib
iſt in vier oder fünf Gelenke getheilt; welche ge‐
gen den Schweif zu kleiner werden. Kopf und

Schweif

Schweif fallen nicht anders, als die abgebrochene
Spitze eines Zweigs ins Auge. Wann er seine
sechs Füße, die er gegen den Kopf zusammenhält,
ausbreitet, so glaubt man Wurzeln zu sehen, und
den Kopf hält man für die Spitze des abgebroche-
nen Stamms. Greift man ihn mit der bloßen
Hand an, so erstarrt sie für einen Augenblick,
ohne weitern Schaden. In der Blase dieses Thiers
findet sich ein schwarzer Saft, welcher gut zum
Schreiben ist. Der Fisch Diafano (durchsichtig)
hält sich bey der Mündung des Flusses Tolten
auf. Er ist klein, fast von der Gestalt eines Eyes,
von köstlichem Geschmack und durchsichtig, wie
Kristall; und was sonderbar ist, so bleiben sie
durchsichtig, wenn man auch einige dicht neben-
einanderhält. Im dasigen Meer findet sich auch
der Krampffisch (torpedine), der alle die Wir-
kungen äußert, welche die Naturalisten ihm, wenn
man ihn berührt, zuschreiben.

LXII. Der Hahnfisch (Gallo) ist zwey bis
drey Fuß lang, und ohne Schuppen. Er heißt
Hahn, weil er einen röthlichen Kamm auf dem
Kopf trägt. Bey den Fernandes-Inseln fängt
man einen Fisch, der sich Tollo nennt, schmack-
hafter, als ein anderer von der nemlichen Gattung, die man in andern Meeren findet. Was
ihn besonders charakterisirt, ist ein glänzender
Sporn, den er an einer jeden seiner Floßfedern
auf dem Rücken trägt. Diese Sporn sind dreieckig,

spitz,

spiß, etwas umgebogen gegen die Spiße, hart
wie Elfenbein, drittehalb Zoll lang, und auf einer
jeden der drey Seiten 4 bis 5 Linien breit, mit
einer schwammigen Wurzel. Sie stillen das
Zahnweh, wie es der spanische Schiffskapitän
Don Ulloa mehrmalen versucht hat. Man legt
die Spiße des Sporns in die Gegend des Mun=
des, wo der Zahn weh thut. Hierdurch wird der
Backen taub, und in Zeit einer halben Stunde
verschwindet der Schmerz. Manche schlafen da=
von ein, und wenn sie aufwachen, empfinden sie
keinen Schmerz mehr. Wenn man den Sporn
im Munde hat, so beobachtet man, daß der
schwammige Theil der Wurzel nach und nach
aufschwillt und mürber wird. Weil die Spiße
des Sporns, die man nur in den Mund steckt,
sehr hart ist, so kann die Aufschwellung keine
Wirkung des Speichels seyn, der da eindringe.
Er muß vielmehr eine anziehende Kraft haben,
wodurch er die schädliche Feuchtigkeit einsauge,
und der schwammigen Wurzel mittheile.

LXIII. Auch sind die Landseen und Flüsse
reich an Fischen, besonders unter dem 34 Grad
der südlichen Breite. Diese sind zwar in viel
wenigere Gattungen getheilt, als jene des Meers,
vermehren sich aber über alle Maaßen. Die
gemeinsten sind die Forelle, der Königsfisch,
(Pece Rey) Lisa und Bagre. Die Forelle,
welche von köstlichem Geschmack ist, wächst bis

(E)

zwey

zwey Fuß in der Länge. Man fängt sie mit dem
Netze und mit der Angel, an deren Spitze man
anstatt der Lockspeise zwey rothe Hühnerfedern
befestiget. Den Königsfisch haben die Spanier
so genannt wegen seines köstlichen Geschmacks.
Er gleicht dem Hecht an Gestalt, außer daß er
keinen so langen Kopf hat. Er pflegt einen Fuß
lang und zwey bis drey Zoll dick zu seyn. Seine
Schuppen sind silberfärbig, und er hat nur Rück-
gräten. Er findet sich auch im Meer, und zu
Concepcion kauft man ihrer wohl hundert um zwey
Groschen. In den Flüssen findet sich eine größere
Art von Königsfischen, Cauques genannt, welche
ungefehr zwey Fuß lang sind. Der Fisch Lisa,
welcher auch häufig im Meer gefunden wird,
gleicht an Geschmack und Gestalt dem Blackfisch,
ist aber drey bis viermal größer als er, und wird
in Flüssen mehr gesucht, als im Meer. Der
Bagre ist ein häßlicher Fisch, braun oben und
unten weißlich oder auch gelblich, ohne Schuppen,
und meistens befindlich, wo die Flüsse und Bäche
am trübsten sind. Sein Kopf ist allzudick nach
der Proportion seiner Größe, welche nicht über
anderthalb Schuh ist. Sein Fleisch ist zart,
fett, gelb und schmackhaft.

LXIV. Es finden sich hier fast alle Europäische Insekten. Die Bienen, derer man besonders im Chilischen Archipelagus mehrere Gattungen antrift, bauen in die Höhlen der Bäume,
und

und die Landes-Einwohner haben sie noch nicht
zahm gemacht. Sowohl die Feld- als Bett-
Wanzen waren vor 40 Jahren noch nicht in
Chile. Nachher aber sind sie mit Waaren auf
Schiffen dahin gekommen, und haben sich in dem
nördlichen Theil des Landes und in Seeplätzen
sehr vervielfältiger. Die Heuschrecken finden sich
hier in geringer Menge, und versammlen sich nie
in dicke Wolken, wie auf der andern Seite des
andischen Gebürges, die Felder zu verwüsten.
Die Schnaken trift man nur bey sumpfigten
Oertern an, und sind von jenen, die in dem hitzigen Erdgürtel die Menschen quälen, unterschieden.
Im Gebiet der Stadt Coquimbo finden sich die
Peruanischen Piques, (Würmer, die ins Fleisch
dringen, und wenn man sie nicht wegschaft, sich
daselbst ungemein vermehren); aber in andern
Gegenden kennt man sie nicht, vermuthlich, weil
es in südlichern Ländern für sie zu kalt ist.

LXV. Neben diesen und andern bekannten
Insekten finden sich in Chile ganz sonderbare Gattungen. Auf den Blumen der Pflanze Bisnaga
(womit man sich die Zähne reiniget) siehet man
oft ein Koleopterisches Insekt mit zwey Flügeln,
so vergoldet, daß man es für das schönste Gold
halten sollte, und welches sowohl im Schatten als in
der Sonne glänzt. Die Bauren schnüren sie an einander, und bilden damit glänzende Kreuze. Unter
den Johanneswürmchen, deren es verschiedene

Gat-

Gattungen giebt, von welchen einige beflügelt,
und andere es nicht sind, giebt es eine Gattung
von der Größe eines Schmetterlings, welche des
Nachts einer fliegenden Kohle gleicht. Auf den
Feldern hält sich in der Erde in Löchern eine zottige
graue Spinne auf, deren Leib so dick, wie eine
Faust, und die Beine bis vier Zoll lang sind.
Neben den kleinen Zähnen ist sie noch mit zween
hervorragenden Hundszähnen, welche von einigen
für heilsam gehalten werden, versehen. Sie ist
nicht giftig.

LXVI. Nach meiner Beobachtung giebt es
unter Land= und Wasservögeln zwey und neun=
zig verschiedene Gattungen, die sich ins unendliche
vermehrt haben. Die Berge und einsamen Wäl=
der, die unbewohnten Seeküsten, die vielen Flüsse
und Landseen befördern ihre Vermehrung. Unter
ihnen finden sich auch Europäische Vögel, z. B.
Adler, Weyhen, Falken, Habichte, Eulen,
Rebhühner, Waldtauben, Turteltauben,
Elster, Krammtsvögel, Schwalben, wilde
Enten von 6 bis 7 Gattungen, Schnepfen,
Reiher, Störche, Raben, Taucher, Kybitze
von 8 oder 9 Gattungen. Andere kommen zwar
ihrer Natur nach mit den Europäischen überein;
sind aber in gewissen zufälligen Eigenschaften von
ihnen unterschieden. Z. B. der Schwan hat
einen schwarzen Kopf; die Nachtigall ist kleiner,
und ihr Gesang ist nicht so anhaltend und weniger
harmo=

harmonisch. Die Bergturtel hat schwarze
Flügel. Der Stieglitz ist gelber und röther als
der Europäische. Er hat unter dem Schnabel
einen Bart von schwarzen Haaren, welcher mit
den Jahren wächst, dergestalt, daß die Jungen
noch gar keinen haben. Sein Gesang ist höher,
anhaltender und angenehmer, als jener des Europäischen Stieglitzes. Das Weibchen ist aschenfärbig, mit gelben Flecken auf den Flügeln, ohne
Bart und ohne Gesang. Sie wohnen im Gebirge, bis sie der einfallende Schnee vertreibt;
alsdenn verbreiten sie sich durch das ganze Land.
Unter den Vögeln, die in Europa unbekannt sind,
finden sich viele, die entweder wegen ihrer Bildung, oder wegen der Schönheit ihrer Federn,
oder wegen der Annehmlichkeit ihres Gesangs,
oder wegen ihres wohlschmeckenden Fleisches merkwürdig sind. Ich will aber nach meiner Gewohnheit nur einige wenige davon beschreiben.

LXVII. Der Condoro ist ein Raubvogel
von wunderbarer Stärke, dessen ausgebreitete
Flügel von einem Ende zum andern 14 Schuh
lang sind. Er ist, außer dem Rücken, welcher
weiß ist, und dem Hals, welcher mit einem weißen
Ring umgeben ist, ganz schwarz. Er hat eine
Art von Haarschopf auf dem Kopf. Die Federn
seiner Flügel sind von der Dicke eines kleinen
Fingers; der Schnabel ist stark, dick und krumm.

(E) 3 Er

Er niſtet auf den ſteilſten Felſen der Berge. Das
Weibgen iſt kleiner als das Männchen, und hat
weder den weißen Ring um den Hals, noch den
Rücken weiß, noch den übrigen Leib ganz ſchwarz;
denn ſeine Farbe fällt vielmehr ins Graue. Dieſer Räuber führt einen ewigen Krieg mit den
Schaaf- und Ziegen-Heerden, und fällt ſo gar oft
das Rindvieh an. Wenn ſie auf einen Ochſen
ihr Augenmerk richten, ſo vereinigen ſich ihrer
ſechs und mehrere, ſchließen mit ausgeſpannten
Flügeln einen Kreis um ihn, indeß der Kühnſte
unter ihnen ihm die Augen ausbeißt. Darauf
erwürgen ſie ihn, und zehren ihn auf. Die Bauern
fangen ihn auf zweyerley Art. Erſtlich errichten
ſie ein enges Pfahlwerk, und werfen ein todtes
Aas dazwiſchen. Die Raubvögel, welche einen
überaus ſtarken Geruch haben, ermangeln nicht,
auf das Aas zu fallen, und ſich damit ſo ſehr an-
zufüllen, als ſie können; alsdann laufen die
Bauern mit Prügeln herzu, und ſchlagen ſie todt,
weil ſie wegen der Pfähle den Schwung nicht
nehmen können, ſich zum Flug zu erheben. Will
man ſie aber lebendig fangen, ſo legt ſich der
Bauer auf die Erde und bedeckt ſich mit einer
friſchen Kuhhaut, und wenn der Condoro ſich
nähert, ergreift er ihn mit wohlverwahrten Händen, und hält ihn, bis andere in der Nähe ver-
ſteckte Bauern herzueilen, und ihn feſt binden.
Dieſer fürchterliche Vogel iſt nach der Meynung

des

des Herrn de Bomare von dem sämmergeyer der
Schweitzer nur der Farbe nach unterschieden.

LXVIII. Der Piuquen ist größer, als eine
Gans. Oben ist er grau und weiß, und unten
ganz weiß. Sein Fleisch ist weiß, zart, und von
gutem Geschmack. Er liebt die Ebene, wo er sich
theils von Kräutern, und theils von Würmern
nährt, und leicht zahm zu machen ist. Der
Straußvogel lebt in den Thälern der Andes, besonders am See Naguelguapi. Er ist dadurch
von dem Afrikanischen unterschieden, daß er vier
Zehen an jeden Fuß hat, da jener nur zwey hat.
Seine Flügel, welche nach Proportion zum Fliegen
zu klein sind, befördern seinen schnellen Lauf. Er
legt seine Eyer in den Sand; und es werden ihrer
oft sechzig auf einmal ausgebrüthet; woher viele
vermuthen, sie seyn nicht alle von einer Mutter.
Sie sind bekanntermaaßen so groß und stark, daß
man sie wie Porzelän zu Gefäßen brauchen kann.

LXVIIII. Flamingo, ein von den Spaniern
sogenannter Wasservogel von schöner Bildung.
Sein Körper, der nicht sehr schwer ist, erhebt sich
auf zwey hohen und dünnen Beinen; und auf
einem sehr langen Halse trägt er einen kleinen
Kopf, der mit einem langen gebogenen und harten
Schnabel, und mit Zähnen versehen ist. Seine
Augen sind klein und roth, die Zehen seiner Füße
durch Häute vereint, die Federn seines Rückens

(E) 4   und

und seiner Flügel schön feuerfärbig, und die übri=
gen weißlich). Die Indianer zieten die Spitzen
ihrer Lanzen und ihr Haar mit den Federn dieses
Vogels. Er giebt seinem Nest, welches er andert=
halb Schuh hoch über die Erde aus Koth bauet,
die Figur eines abgekürzten und oben eröfneten
Kegels, worinn er nicht mehr als zwey Eyer legt.
Wenn er sie ausbrüthet, so setzt er seine Füße außer
dem Nest auf die Erde, und den Leib aufs Nest.

LXX. Der Alcatraz ist eine Art von Peli=
kanen. Sein Leib ist kleiner als jener eines Kale=
kurischen Hahns; aber seine Beine sind über zwey
Fuß lang, und sein anderthalb Fuß langer Schna=
bel ist ungefehr drey Zoll breit, und sowohl oben
als unten mit kleinen Zähnen versehen, welche wie
eine Säge schneiden. Unter diesem Schnabel
hängt ein Sack über seinen Magen herab, welcher
vermittelst gewisser Faden an den Hals befestiget
ist. Dieser Sack bestehet aus einer dicken, fetten,
sehr fleischigten Haut, die wie Ceder biegsam, und
wie seidener Atlaß mit einem feinen und sanften
Haar bedeckt ist. Er fällt nicht sehr ins Auge,
wenn er leer ist, wenn aber der Vogel einen reichen
Fischfang gethan hat, so ist es zum Erstaunen, wie
viel große und kleine Fische er darin sammelt, sie
entwoder zu seiner eignen Nahrung, oder für seine
Jungen aufzubehalten. Seine Farbe ist braun,
und seine Federn sind zum Schreiben besser, als
Gänsefedern. Die Landes=Einwohner bedienen

sich

sich dieses Sacks, Laternen daraus zu machen. Der Alcatraz muß die Kälte nicht vertragen können; denn im Winter findet man ihrer viele todt auf den Felsen, die dem Meer nahe sind.

LXXI. Der Paxaro-Niño wird von den Spaniern so genannt, weil er in der Ferne einem nackten Kinde gleich siehet. Er lebt im Meer, und ist von der Größe eines Kalekutischen Hahns. Seine Federn sind auf den Rücken schwarz, und am Bauch weiß. Er hat einen dicken ovalför̃migen Hals, welcher mit einem Ring weißer Federn umgeben ist. Seine Haut ist so dick wie jene eines Schweins, und läßt sich leicht vom Fleisch abschälen. Anstatt der Flügel hangen ihm zwo häutige Falten an den Seiten herab, wie zwey Arme. Diese sind oben mit weißen und kurzen Federn, die mit schwarzen untermischt sind, bedeckt, und dienen ihm zum Schimmen, nicht zum Fliegen. Er nistet am Ufer in tiefen Löchern im Sande, und legt drey oder vier weiße schwarzgefleckte Eyer. Sein Schnabel ist schmal, und größer als jener des Rabens, der Schwanz kurz, die platten Füße schwarz, und wie jene der Gans gebildet. Er gehet gerade und hoch, und läßt die zwey Schwimmflügel neben sich herabhangen. Sein Fleisch soll nicht, wie jenes anderer Seevögel, übel riechen, und von gutem Geschmack seyn.

LXXII. Der Threguel, oder Keltreu, ist von der Größe eines Täubers, nur daß seine Beine

noch

noch wohl zweymal höher sind. Oben ist er aschen=
farbig mit schwarzen Flecken, und unter dem Bauch
zur Hälfte weiß, übrigens schwarz. In den Ge=
lenken seiner Flügel trägt er ein Zoll langes
ungefehr fünf Linien dickes hartes und spitzes Bein,
womit er sich wider andere Vögel und auch vier=
füßige Thiere vertheidiget, wenn sie sich seinem
Neste, welches er in ein jedes Loch bauet, das er
von ungefehr auf der Erde antrift, nähern. Es
legt nicht mehr als drey graue schwarzgefleckte
Eyer, die gut zum essen sind. Wenn er einen
Menschen kommen siehet, schleicht er sich unver=
merkt vom Neste, und beginnt nicht eher zu
schreien, bis er sich ziemlich weit vom Neste entfernt
hat; hiedurch leitet er die Menschen von seinem
Neste ab. Er lebt auf der Ebene; und nie findet
man von seiner Gattung auf Bäumen sitzen,
noch mehrere als ein Männchen und Weibgen
beysammen.

LXXIII. Trenca ist ein Vogel, der den
Krammtsvogel an Größe, an der Bildung des
Schnabels, des Kopfs und der Füße gleicht, und
übrigens von grauer schwarzgefleckter Farbe ist,
und etwas längere und breitere Flügel und
Schwanz hat. Dieser Vogel singt vortreflich,
wechselt in den Tönen ab, wie die Nachtigal,
und ahmt scherzend die Stimme aller andern Vögel
nach, sobald er singen hört. Er ist sehr lebhaft,
und sitzt fast keinen Augenblick stille auf einem Orte,

auch

auch wenn er singt. Der Kereu, den die Spanier
unrichtig unter die Krammtsvögel zählen, ist etwas
größer als der Trenca. Seine Federn, Fleisch,
Augen, Schnabel, und Beine sind schwarz. Er
lernet, wie der Papagay, sprechen. Sein Schnabel ist schmal, und etwas länger als jener eines
Krammtsvogels. Sein Gesang ist anhaltend,
und sehr angenehm, und der Vogel selbst wird
leicht zahm. Er verfolgt die kleinern Vögel, deren
Hirn er gerne frißt. Er bauet sein Nest auf
Bäume, und trägt den Koth dazu im Schnabel,
mit den Füßen, und auf dem Schwanz, welcher
ihm anstatt der Mörtelkelle dient. Das Nest
siehet einer Schüssel vollkommen gleich.

LXXIIII. Es giebt zwo Gattungen von
Papagayen in Chile, deren einen den Namen
Papagay trägt, und der andere Catita genannt
wird. Der Chilische Papagay ist von den Amerikanischen Vögeln dieses Namens nicht unterschieden. Er nistet in krummen Höhlungen steiler
Felsen; wohin jedoch die Bauern sich mit Stricken
hinablassen, ihre Jungen, welche sehr gut schmecken,
mit krummen Haken auszunehmen. Er brütet
auf einmal nicht mehr als zwey Eyer aus; wenn
ihm aber seine Jungen geraubt werden, so legt er
neue, bis er seine Jungen davon bringt. Daher
kommt es, daß ungeachtet man überall im Sommer
junge Papagayen ißt, dennoch überall ein Ueberfluß
an diesen Vögeln ist. Sie bringen dem Getraide
und

und Obst großen Schaden. Wenn ein ganzes
Heer von ihnen auf ein besaamtes Feld sich nieder-
läßt, so hält einer von ihnen auf einem Baum die
Wache, welcher von andern, die sich gesätiget
haben, abgelöset wird, damit er auch Theil am
Raub habe. Sobald die Wache siehet, daß sich
der Jäger nähert, giebt er den übrigen durch ein
Geschrey das Zeichen, sich davon zu machen. Der
Catita ist ganz grün, von der Größe einer Turteltaube, die er aber an der Länge des Schweifs
übertrift. Uebrigens gleicht er dem Papagay,
und nistet im Sommer auf dem Andischen Gebürge.
Wenn der Schnee ankömmt, verbreitet er sich in
Millionen starken Heeren auf die Ebene, besonders
unter den 34 Grad der Breite, und wo ein solcher
Flug hinfällt, wird alles verwüstet. Es ist nicht
übertrieben, wenn ich sage, daß ein jeder Flug über
eine Million stark ist. Ihr Fleisch ist köstlich.
Die Bauren rennen zu Pferde unter sie, und schlagen ihrer eine Menge mit Stecken todt, weil sie
durch ihre Vielheit verhindert werden, sich schnell
von der Erde zu erheben. Sowohl der Catita
als der Papagay lassen sich zahm machen, und
lernen sprechen. Der Thile oder Chile, welcher
dem Lande den Namen gegeben haben soll, ist fast
so groß als ein Staar; hat aber einen längern
Schwanz. Im Schreien spricht er das Wort
Chile deutlich aus. Das Männchen ist, außer
unter den Flügeln, wo es gelb ist, ganz schwarz,
und

und das Weibgen dunkelgrau. Es legt 3 weiße Eyer auf Bäumen, die am Wasser stehen. Er singt schön; man kann ihn aber wegen seines übeln Geruchs nicht im Käsig halten.

LXXV. Der Piccaflor ist ein Meisterstück der Natur, sowohl wegen seiner niedlichen kleinen Bildung, als wegen der Schönheit der lebhaften goldnen Farben, womit seine Federn geschmückt sind. Es giebt zwar auch eine große und mittlere Gattung dieser Vögel; aber die kleinern sind die schönsten und glänzen am meisten. Diese sind kaum etwas größer als ein Schmetterling. Ihre Farbe gleicht dem reinsten Golde, und je nachdem das Licht hinauffällt, auch dem Glanz verschiedener Juwelen. Der Schnabel der kleinsten ist nicht größer als eine Stecknadel. Sie fliegen so schnell, daß man wegen ihres Gesummes sie eher hört, als siehet. Sie schweben lange Zeit wie unbeweglich in der Luft, und ernähren sich von dem Saft der Blumen, woher sie in spanischer Sprache Blumenpicker, Blumensauger, Bienenvogel, Honigsauger genannt werden. Nach der blumenreichen Jahrszeit werden sie taub, und fallen in einen Schlaf, aus welchem sie nicht erwachen, bis ins Frühjahr. Ihre kleinen Nester bauen sie aus dem feinsten Haar auf die Aeste der Bäume, und legen nicht mehr als zwey weiße Eyer mit gelben Flecken. In einigen Amerikanischen Provinzen werden sie Colibri genannt. Unter den

g 2 Gat-

92 Gattungen Vögel, die ich, wie ich oben sagte, in Chile beobachtet habe, finden sich viele von der nemlichen Gattung, die sich durch die weiße Farbe ihres Kopfs, oder ihrer Flügel, oder des ganzen Leibes von ihres Gleichen unterscheiden, welches von ihrem Aufenthalt im Schneegebürge herkommen kann. Unter den Krammtsvögeln trifft man dieses am meisten an. Neben diesen inländischen Vögeln, haben die Spanier auch zahmes Federvieh ins Land gebracht.

Vierfüßige Thiere.

LXXVI. Chile ist nicht so reich an inländischen Säugethieren, als andere Amerikanische Länder. Die beträchtlichsten unter denen, die im Wasser leben, sind der Wallfisch, der Seelöwe, der Seewolf, das Wallroß, die Meerkatze, der Guillin und Coipu. Von den vierfüßigen Thieren, die auf der Erde leben, will ich nur nennen, den Löwen, den Huanaco, Chilihueque, Guemul, Vicogna, den Fuchs, Guigna, Gems, Hase, Viscacha, Chinne, Kiki, Arda, Piguchen. Den Wallfisch habe ich in diese Klasse der Thiere gesetzt, weil er in Ansehung seines innern Baues und gewisser wesentlicher Eigenschaften denselben gleicht. Er vereint sich mit dem Weibgen, wie sie; er bringt, wie sie, seine Jungen lebendig zur Welt; hat Milch, und seine Jungen saugen an ihm.

LXXVII.

LXXVII. Die Wallfische des Chilischen
Meers sind von den Grönländischen wenig oder
gar nicht unterschieden. Man trift manchesmal
solche ungeheur-große Thiere todt auf dem See-
Ufer an, weil sie das Meer ausgeworfen hat. Ihr
größter Feind ist der Schwerdtfisch, (Pece-Spada)
welcher wegen eines drey bis vier Fuß langen und
schwerdtähnlichen Beins, welches er auf dem
Kopfe trägt, so genannt wird. Er ist zehn bis
zwölf Schuh lang, und äußerst schnell. Seine
Kinnladen sind mit spitzigen kleinen Zähnen
bewafnet. Eine Art dieser Fische trägt ein auf
beiden Seiten mit Zähnen versehenes Schwerdt
auf den Kopf, und ist übrigens von dem vorigen
nicht unterschieden. Unter den Wallfischen, die
todt ans Ufer geworfen werden, sind einige über
alle Maaßen groß. Ich sah eines Tages eine
Ribbe, die 15 Schuh lang, anderthalb Schuh
breit, und 5 Zoll dick war. Viele glauben, daß
die Menge Ambra, den man auf den Ufern der
Insel Chiloe in großen Stücken findet, von den
Wallfischen herkommen, ich bin aber mit Herr
Geofroi der Meinung, daß er nichts anders als
ein Erdharz ist, welches aus dem Schoos der
Erde ins Meer fließt.

LXXVIII. Der Seelöwe kann auch außer
dem Wasser leben, und bringt seine Jungen lebendig zur Welt. Er gleicht etwas dem Seekalbe.
Wenn er zu seiner vollständigen Größe gelangt ist,
so

so hat er 14 bis 18 Fuß in der Länge, und zwischen 10 und 15 Fuß im Umfange. Seine Haut
ist nicht schuppicht, sondern mit einem hellgelben
kurzen Haar bedeckt. Sein Kopf ist nach Proportion seines Leibes zu klein, zugespitzt, wie jener
des Wolfs. Seine Zunge ist dick und fast ganz
rund, und seine Kinnladen sind mit großen starken
und spitzen Zähnen bewafnet, wovon ein Drittel
hervorstehet, und die übrigen tief in ihre Fächer
eingefaßt sind. Aus seinen Lefzen gehet auf beyden Seiten ein Bart hervor, der jenem des Tigers
gleicht. Die Augen sind klein, und die Ohren so
kurz, daß sie kaum hervorstechen. Auch ist die
Nase sehr klein, voll Drüsen, und ohne Haar.
Das Thier hat zwey Hände oder zwey knorpelichte
Floßfedern, deren es sich zum Schwimmen und
zum Gehen bedient. Sein Schwanz ist ebenfalls
knorpelicht, und so gabelförmig getheilt, daß er
zugleich die Dienste der Füße verrichten kann.
Diese Art von Händen und Füßen endiget sich in
fünf Fingern, und bestehet in harten Knorpeln,
welche im Schulterblatt, und da wo die Finger
anfangen, ihre Gelenke haben. Wenn dieses
gleich nicht so schnell und behende gleich anderen
vierfüßigen Thieren ist, so klettert es doch ohne
viele Mühe die höchsten und steilsten Klippen
hinan, und wieder herab. Die Zeugungsglieder
sind am untersten Theil des Bauchs, und wenn
sich beide Geschlechter vereinen wollen, so setzen sie
sich

sich auf den getheilten Schweif, und umfaſſen ſich
mit den vordern Floßfedern, oder Händen. Das
Weib gebieret und ſäuget die Jungen, deren nur
zwey ſind, wie andere vierfüßige Thiere thun.
Das Thier wird wegen der Haare, die es am Halſe
trägt, Löwe genannt. Wenn man ſeine zolldicke
Haut durchſchneidet, ſo findet man einen ſchuh-
hohen Speck, ehe man aufs Fleiſch kommt; man
nennt ſie daher auch Oelwölfe. Die fetteſten
geben wohl 150 Maaß Oel. Dies Thier iſt ſehr
blutreich. Wenn es verwundet iſt, wirft es ſich
ſogleich ins Waſſer, und färbt daſſelbe weit und
breit mit Blut. Wenn dieſes die Seewölfe wahr-
nehmen, werfen ſie ſich haufenweiſe über daſſelbe
her, und zehren es in weniger als einer Viertel-
ſtunde auf. Das nemliche Schickſal haben aber
die Seewölfe nicht, wenn ſie verwundet ſind.
Weder ein Seelöwe, noch ein anderer Seewolf
vergreift ſich an ihm. Den ganzen Sommer halten
ſich die Seelöwen faſt jederzeit im Meer, und im
Winter auf dem Lande nah am Meer auf, und
ernähren ſich theils von Kräutern, und theils von
Fiſchen. Sie ſchlafen ſchnarchend entweder im
Koth, oder auf Felſen, ſo tief, daß ſie nicht leicht
aufzuwecken ſind. Es hält daher einer von ihnen,
und zwar ein Männchen, die Wache, und weckt
durch einen gräßlichen Laut nicht nur die andern
auf, wenn eine Gefahr ſich nähert, ſondern ſchreckt
auch die Menſchen ab, die ihnen näher kommen.

Die

Die Seevögel gehen auf ihnen hin und her, wenn sie schlafend ausgestreckt liegen. Man kann sie leicht tödten, weil sie zu schwer sind, sich zu vertheidigen. Bey jeder Bewegung siehet man ihr Fett unter der Haut fließen. Wer sie angreift, muß sich besonders vor ihren Zähnen hüten; denn was sie damit anfassen, das lassen sie nicht mehr los. Der empfindlichste Theil an ihnen ist die Spitze ihrer Nase. Wenn am übriegen Leibe die tiefste Wunde sie nicht tödtet, so thut dieses ein leichter Schlag auf ihre Nase. Die großen brüllen etwas dumpfer als die Rinder, und die kleinen blecken, wie die Schaafe. Ihre Mütter tragen sie auf dem Halse, wenn sie einer Gefahr entfliehen. Man findet sie am häufigsten bey den Fernandes-Inseln. Der Lord Anson erzählt, seine Matrosen haben ihrer eine Menge getödtet, um ihr Fleisch zu essen, und habe gefunden, daß ihr Herz und Zunge besser schmeckten, als jene der Kühe und Ochsen.

LXXIX. Die Seewölfe sind von den Seelöwen dadurch unterschieden, daß sie kleiner und von anderer Farbe sind, und keine Haare am Halse haben. Die großen sind grau und ungefehr acht Fuß lang, und die von kleinerer Art haben nur 4 Fuß in der Länge, und ihre Farbe ist braun. Man findet sie in Menge an den Seeküsten und bey den Fernandes-Inseln. Die Landes-Einwohner tödten sie mit Stecken, und bedienen sich

ihrer

ihrer Felle zu Schwimmenpolstern, welche auf-
geblasen 5 bis 6 Fuß lang und zwey Fuß dick
sind, und aneinander gebunden werden. Mit
diesen erkühnen sich die Indianer sogar auf den
Fischfang ins Meer zu schwimmen. Das
Wallroß ist vom Hippopotamos, das in Afrikanischen Flüssen lebt, nicht unterschieden, als durch
eine Mähne, die es am Hals trägt. Die Meerkatze
ist an Größe und Bildung der zahmen Katze
gleich. Ihr Fell ist sehr dicht, sanft, und grau.
Ihre vier Füße bestehen aus Knorpeln, und ihr
Schwanz ist dick, lang, und mit dichten Haaren
bedeckt. Sie ist sehr wild, und vertheidiget sich
mit ihren spitzen Zähnen wider Menschen und
Hunde.

LXXX. Der Guillin ist ein sehr gemeines
Thier, welches in Seen, Flüssen und Bächen lebt,
und sich von Fischen und Gras, welches auf den
Ufern wächst, ernährt. Er ist so groß als ein
gemeiner Hund; und ist mit Haaren bedeckt, die
theils lang, und theils kurz sind. Die kurzen, die
nicht über einen Zoll lang, sehr fein und dicht
sind, dienen, des Thiers natürliche Wärme zu erhalten; aber die langen Haare sind etwas rauh.
Seine Farbe ist auf dem Rücken dunkelbraun,
und unter dem Bauch weißlich. Der Kopf ist
fast rund, rund und kurz sind seine Ohren, und
klein die Augen. Sein Maul ist unten und oben
mit zwey langen und spitzen Zähnen bewafnet.

(F) 2   Seine

Seine vordern und hintern Füße sind häutig und platt, und der Schwanz breit. Sein Fell wird gesucht, Hüte daraus zu bereiten. Er scheint eine Kastor-Art zu seyn. Der Coipu ist kleiner als der Guillino, dem er übrigens an Gestalt und Lebensart gleicht. Sein Fell ist schwarz, und er hat ebenfalls ein zweifaches Haar, von welchen das niedrigere sanfter ist. Dieses Thier läßt sich zahm machen, und lebt in Häusern, wie ein Hund. Es finden sich auch in den Chilischen Gewässern, besonders im Inselmeer, Fischottern, die den Europäischen gleich sind.

LXXXI. Die Einwohner in Chile nennen ihren Löwen Pagi. Er unterscheidet sich dadurch von den Afrikanischen Löwen, daß er keine Mähnen hat, und nicht größer ist, als die Afrikanischen Löwen. Seine Farbe ist weißgrau. Er findet sich in ganz Chile vom 24 bis 45 Grad der Breite, und man weiß nicht, ob man ihn weiter hin antrist. Er lebt in den dicksten Wäldern, und auf den steilsten Bergen, und verläßt diese nicht, außer wenn er auf Raub ausgehet. Den Pferden stellt er am meisten nach; und die Art, wie er sich ihrer bemeistert, ist sonderbar. Wenn er sie seiner Gewohnheit gemäß nicht unvermuthet überfallen kann, so nähert er sich ihnen scherzend, indem er sich auf die Erde ausstreckt, und den Schweif hin und her schlägt. Wenn er auf diese Weise dem Pferde, oder einem andern Thiere nahe genug gekommen

ist,

ift, fo fpringt er ihm auf einmal auf den Rücken,
und erwürgt es mit den Klauen. Gelingt ihm
aber diefes nicht, wegen der Sprünge, die das
Thier thut, fo ergreift ers beym Maul, und drehet
den Kopf fo gewaltig gegen fich hin, daß es ihm
den Hals zerbricht. Darauf fchleppt er daffelbe
mit einer Klaue in einen Wald, frißt davon foviel
als ihm beliebt, und bedeckt das übrige mit
Büfchen, die er von den Bäumen abbricht. Man
kann hieraus auf die erfchreckliche Stärke diefes
Thiers fchließen. Einft traf ein folcher Löwe
auf zwey Pferde, die zufammengebunden waren.
Eins tödtete er, und fchleppte beide mit fich fort.
Indeß er diefes that, fchlug er mit feinen Klauen
das noch lebende Pferd, damit es durch feine
Sprünge etwas beytrüge, das todte fortzu-
fchleppen. Demungeachtet vermeidet er Ochfen
und Kühe, wenn fie verfammelt find, und wagt
fich nur an Kälber und Rinder, die einfam gehen.
Wenn das Rindvieh feiner gewahr wird, fchließt
es einen Kreis um die Kälber, und kehrt die Hörner gegen ihn auswärts, und tödtet ihn oft, wenn
er fich unterftehet, fie anzugreifen. Die Pferde
thun das nehmliche mit den Hinterfüßen; werden
aber meiftens überwältiget.

LXXXII. Der Efel, welcher feine eigene
Schwäche im Laufen erkennt, bleibt bey Annähe-
rung des Löwen ftehen, und fcherzt in feinen
Bewegungen eben fo argliftig als er, bis er die

(F) 3 Gele-

Gelegenheit erſiehet, ihn drey oder viermal mit
den Hinterfüßen vor den Kopf zu ſchlagen, und
nachdem er ihn hierdurch betäubt oder getödtet hat,
die Flucht zu nehmen. Kömmt ihn aber der löwe
zuvor, und ſpringt ihm auf den Rücken, ſo wirſt
er ſich rücklings auf die Erde, und zerquetſcht ihn.
Gelingt ihm aber auch dieſes nicht, ſo läuft er ſo
ſchnell er kann in einen dichten Wald, und ſucht
ſeinen Feind mit Hülfe der tiefen Zweige der
Bäume, unter welchen er hinrennt, abzuwerfen.
Auf dieſe Weiſe werden nur wenige Eſel dem löwen
zum Raube. So fürchterlich er den vierfüßigen
Thieren iſt, ſo hat er ſich doch bisher noch nicht
unterſtanden, die Menſchen anzufallen, ob er gleich
von denſelben oft verfolgt und getödtet wird. Die
Landes-Einwohner verfolgen ihn mit Hunden, die
darauf abgerichtet ſind. Wenn er nicht entfliehen
kann, ſo klettert er entweder die höchſten Bäume
hinan, und ſpringt mit großer leichtigkeit von
einem zum andern, oder ſtellt ſeinen Hintertheil
an einen Felſen oder Stamm in Sicherheit, und
vertheidiget ſich mit ſeinen Klauen und Zähnen
tapfer wider die Hunde, deren viele das leben dabey
verlieren, bis ihm der Jäger von der Ferne einen
Strick um den Hals wirft. Wenn er ſich alsdenn
gefangen ſieht, rollen ihm häufige und dicke Tropfen
Thränen aus den Augen über die Backen herab.
Aus ſeiner Haut wird ſehr gutes leder zu Schuhen
bereitet, und ſein Fett ſoll wider Seitenſchmerz ſehr
heilſam ſeyn. LXXXIII.

LXXXIII. Die Thiere Guanaco, Chili=
hueque, Guemul und Vicuña sind verschiedene
Gattungen vom Geschlecht der Kameele, und
unterscheiden sich von dem gemeinen Kameel da=
durch, daß sie keinen erhöheten Rücken haben.
Der Huanaco oder Guanaco ist sechs bis sieben
Fuß lang, und vier bis fünf Fuß hoch, und gleicht
fast gänzlich dem Kameel an Kopf und Hals, an
der gespaltenen Oberlippe, am Schweif, und an
den Erzeugungsgliedern. Sein Rücken ist eben,
seine Füße sind gespalten, und mit zugespitzten
dicken Klauen versehen. Sein Haar, welches auf
dem Rücken grau und am Bauche weißlich ist,
ist sehr sanft, und wird zu Hüthen gebraucht. Es
hat keine andere Waffen, sich zu vertheidigen,
als die leichten Füße, womit es auch die steil=
sten Felsen hinan klettert. Es lebt meistens
im Andischen Gebirge; und dem ungeachtet ist
es leicht zahm zu machen. Wer es aber zum
Zorn reizt, dem speyet es ins Angesicht. Sein
Fleisch soll fast so gut als Hammelfleich seyn.
In seinem Eingeweide findet sich der feinste Bezoar=
stein. Der Chilihueque scheint aus dem Guanaco
und einem Europäischen Widder zusammengesetzt
zu seyn; denn er hat von jenem den Kopf, Hals
und Schweif, und von diesem den Ueberrest seines
Leibes, welcher aber wohl noch einmal so groß ist,
und die Benennung, welche einen Chilischen Bock
bedeutet, vielleicht um ihn von dem Peruanischen

Llamas

Llamas zu unterscheiden. Er ist ein zahmes
Thier, und wird von den Indianern so hoch geschätzt, daß sie ihn bey Friedenstractaten, oder
bey Feyerlichkeiten ihrer Religion zum Opfer
schlachten. Sein Fleisch ist so gut als Hammel-
fleisch, und seine Wolle ist vortreflich. Es giebt
weiße, schwarze, graue und aschenfärbige. Ihr
Geschlecht hat sich nicht sehr vermehrt, weil das
Weibgen mit Beschwerlichkeit empfängt. Man
muß es halten, wenn das Männchen es belegen
soll. Das Thier Guemul ist an Bildung und
Größe dem Chilihueque gleich, nur daß der Schweif
jenem eines Hirschen gleicht. Es ist wilder als
der Guanaco, und hält sich fast immer in den
steilsten Gegenden der Andes auf. Das Thier
Vicuña ist so groß als eine Ziege, und hat viele
Aehnlichkeit mit dem Guanaco. Seine Farbe ist
Koffeebraun; die Wolle ist fein und weich, und
wird in Menge nach Europa geführt, und das
Fleisch ist wohlschmeckend. Diese Art Ziege lebt
in dem mäßigsten Theil von Chile, nemlich in den
Provinzen Copiapo und Coquimbo. Sie muß sehr
fruchtbar seyn; denn obgleich ihrer eine große
Menge das ganze Jahr hindurch verzehrt wird,
so ist doch das Land jederzeit in Ueberfluß damit
versehen. Sie ist ein sehr furchtsames Thier.
Eine handvoll Wolle, die sie an einem Seil hangen
siehet, hält sie in ihrem Lauf ein. Sie läßt sich
wie ein Schaaf zahm machen. Man hat daher

Urſache, die Landes-Einwohner einer unverzeih-
lichen Nachläßigkeit zu beſchuldigen, weil ſie dieſe
nützliche Thier, die ſie heerdeweiſe erhalten könnten,
um ſie zu gewiſſen Jahrszeiten zu ſcheeren, aus
Begierde nach der Wolle tauſendweiſe ums Leben
bringen, wodurch ſie mit der Zeit ganz vertilget
werden müſſen.

LXXXIV. Neben dem gewöhnlichen Fuchs
giebt es in Chile noch einen andern, den die Indianer Culpeu nennen, und der wohl zwey bis
dreymal größer iſt, als jener; ihm aber an Farbe,
Bildung und Eigenſchaften gleicht. Dieſer lebt,
wie der gemeine Fuchs, vom Raub des zahmen
Geflügels und der Lämmer, wenn er ſie von der
Heerde getrennt antrift. Auch widerſetzt er ſich
den Hunden, und tödtet ihrer auch wohl einige,
wenn ſie ihm hart zuſetzen. Er iſt aber ſeltener,
als der gemeine Fuchs. Guigna iſt ein kleines
Tigerthier, welches eine große Katze an Größe
nicht übertrift. Seine Farbe iſt grau, mit ſchwarzen runden Flecken beſtreuet. Es ſtellt nur dem
Geflügel nach, und lebt in Wäldern. Es giebt
auch in Chile viele Gattungen wilder Katzen,
welche zwar kleiner oder größer und an der Farbe
unterſchieden ſind, aber insgeſammt die gemeine
Katze an Größe nicht viel übertreffen. Die
Gemſen, Hirſche und Haſen ſind den Europäiſchen gleich.

(F) 5　　　LXXXV.

LXXXV. Das Thier Viscacha ist von der
Größe und auch fast von der Gestalt eines Kaninchens, welches aber längere Füße hat. Sein
sanftes Haar ist grau, mit schwarz vermischt.
Sein Schweif ist jenen des gemeinen Fuchses
gleich, und mit so harten Borsten bedeckt, daß sie
Dörner zu seyn scheinen, und hinreichend sind,
seine Feinde zu verscheuchen. Sein Fleisch ist gut
zu essen. Es lebt in Höhlen, die es sich in die Erde
gräbt. Die ganze Nacht trägt es alles, was es
auf dem Felde antrift, vor seine Höhle; daher
fügt es sich oft, daß Reisende ihre verlorne Sporn
oder andere Sachen vor den Höhlen der Viscachen
finden. Auch das Thier Chine ist von der
Größe eines Kaninchens, und hat viel ähnliches
mit einem kleinen Hunde. Seine Farbe ist dunkelblau, außer auf dem Rücken, wo vom Kopf bis
zum Schwanz eine Streife von weißen Ringen
läuft. Der Schwanz ist sehr reich an Haaren,
beugt sich aufwärts, und öfnet und schließt sich,
wie der Pfauenschweif. Dieses Thierchen ist von
sanfter Natur, liebt und sucht dem Menschen.
Es gehet, besonders auf dem Lande, in die Häuser, frißt da, was es findet, und gehet wieder fort,
ohne daß Menschen oder Hunde ihm einige Ueber-
last verursachen. Den freyen Zutritt verschaft
ihm ein ölichter Saft, welchen es in einem Bläs-
chen unter dem Schwanze trägt. Dieser Saft ist
von einem so durchdringenden und unerträglichen
Gestank,

Geſtank, daß ſchwerlich ſeines Gleichen in der Natur anzutreffen iſt. Dabey iſt dieſer Geſtank ſo
anklebend und anhaltend, daß man ihn ſchwerlich
und erſt nach langer Zeit vertreiben kann. Wenn
das Thier beleidiget wird, ſo hebt es ſogleich die
Hinterfüße auf, und gießt einen Strahl dieſes
peſtilenzialiſchen Safts dem Beleidiger auf das
Kleid oder auf den Leib. Das Kleid wird alsdenn entweder ganz unbrauchbar, oder muß mit
der ſtärkſten Lauge und mehrmal gewaſchen werden, und der Ort wird für eine geraume Zeit
unbewohnbar; denn es giebt kein Gewürz und
kein Muſcus, wodurch dieſer Geſtank vertrieben
werden könne. Wenn ein Hund damit beſpritzt
wird, ſo kommt er ganz außer ſich, wälzt ſich bald
im Sande und bald im Koth, taucht ſich oft ins
Waſſer, läuft heulend auf dem Felde umher, und
wird ſehr mager, weil er, ſo lange der Geſtank
dauert, nichts frißt. Darum hüten ſich die Hunde,
dieſes Thier zu beleidigen, es ſey denn, daß ſie es
noch nicht kennen. Es iſt aber ſonderbar, daß es
ſeines Gleichen nie mit dieſem Saft beſpritzt, ob
es gleich mit ihm oft in Streit geräth. So lange
dieſe Peſt in der Blaſe iſt, riecht man nichts davon; auch ſind Fell und Fleiſch des Thiers ganz
davon frey. Wenn die Indianer den Ausfluß
dieſes Safts verhindern wollen, ſo ziehen ſie das
Thier beym Schweif, alsdenn wird die Mündung
der Blaſe zugeſchloſſen. Aus dem ſanften Felle
dieſes

dieſes Thiers werden ſchöne Bettdecken ver=
fertiget.

LXXXVI. Der Kiki iſt von der Größe des
Fuchſes, welchem er am Schwanze, übrigens aber
dem Krokodill an der Bildung gleicht. Seine
Beine ſind kurz; ſein Haar iſt fein, und ſeine
Aſchenfarbe iſt mit weißen Flecken gezeichnet.
Er iſt ein ſehr wildes Thier, und man hat ihn
bisher noch nicht zahm machen können. Arda
iſt eine Art von Feldmaus von der Größe einer
Katze, und findet ſich nur in der Provinz Copiapó.
Sie iſt ſehr zahm, und mit einer aſchenfärbigen
dichten Wolle bekleidet, die ſo weich als Baum=
wolle iſt. Piguchen iſt das wunderbarſte Thier
in Chile; denn es iſt ein vierfüßiger Vogel. Es
iſt von der Größe eines Kaninchen, hinten breit
und vorne ſchmal, mit einem feinen zimmetfärbi=
gen Fell bedeckt. Seine Schnauze iſt ſpitz, und
ſeine Augen ſind groß, rund und funkelnd. Kaum
ſiehet man ſeine Ohren. Seine Flügel ſind häu=
tig, wie jene der Fledermaus, die Beine kurz, wie
die einer Eydechſe, der Schwanz anfangs rund,
hernach breit, gleich den Fiſchen. Er ziſcht wie
eine Schlange, und fliegt wie ein Rebhuhn. Er
wohnt in den Höhlen der Bäume, und fliegt nur
des Nachts aus. Er thut niemanden Schaden,
und man weiß nicht einmal, wovon er lebt. Ich
habe nie Gelegenheit gehabt, dieſes Thier zu ſehen;
aber glaubwürdige Perſonen, die es geſehen, be=

ſchreiben

schreiben es einstimmig, wie ich es beschrieben habe, und sein Daseyn wird sowohl von Spaniern als Indianern allgemein bestätiget. In ganz Chile finden sich auch die in Italien bekannten Indianischen Schweine; sie sind aber den Kaninchen etwas ähnlicher, als die man in Italien findet. Auf den Feldern giebt es viele Gattungen von Mäusen, die sowohl an Bildung als an Farben unterschieden sind.

LXXXVII. Pferde, Esel, Rindvieh, Schaafe, Ziegen, Schweine, Hunde, Katzen und Haus-Mäuse sind von den Spaniern nach Chile gebracht worden, und haben sich nicht nur sehr stark vermehrt, sondern sind auch von ihrer Natur nicht abgeartet.*) Die Pferde sind schön und wohlgebildet, voll Geist, und sehr dauerhaft. Ihr Huf ist wegen der Härte des Erdbodens sehr hart; darum werden sie, außer denen, welche in Ställen erzogen worden sind, nicht mit Hufeisen beschlagen. Man findet ihrer nicht nur viele unter den Spaniern, sondern auch unter den Wilden, die sie jenen abkaufen. Es giebt in Chile drey Arten von Pferden: erstlich die gemeinsten, welche den Trab gehen, und ungefehr um zehn Species-thaler

---

*) Die Chilischen Pferde sind die besten in ganz Amerika, wegen ihrer Größe, Schönheit und Lebhaftigkeit. Man hat sogar welche als eine Seltenheit nach Spanien geführt.

thaler *) verkauft werden. Diese sind bey den
Bauern wegen ihrer Fertigkeit im Laufen am mei=
sten beliebt; zweitens die Paßgänger, denen diese
Eigenschaft angebohren ist. Man findet hier,
sagt der Herr Ulloa in seiner Reisebeschreibung,
Füllen von vier bis acht Wochen, welche ihren
Müttern, die den Gallopp gehen, im natürlichen
Paß so folgen, daß sie keinen Schritt weit hinter
ihnen bleiben. Der Gang dieser Pferde ist über=
aus sanft, und zugleich sehr schnell. Jedoch wird
die dritte Art von Pferden, welche die Einwohner
Brazos nennen, weil sie ihre Füße wechselweise
sehr artig aufheben, am meisten geschätzt. Sie
haben zwar diese Eigenschaft von Natur; werden
aber durch Kunst und Fleiß noch mehr dazu abgerich=
tet, und alsdenn nicht unter 300 Speciesthaler
verkauft, besonders nach Peru, wo sie sehr gesucht
werden. Die Indianer lehren ihren Pferden
eine gewiße Art von Tanz unter dem Gehen,
welcher schön in die Augen fällt. Die Arauker und
Chilischen Spanier benehmen den Pferden, die sie
bereiten, einen gewissen Nerven aus der Wurzel
des Schweifs, damit sie ihn im Gehen weder hin
und her bewegen, noch aufheben können. Dies
nennen sie das Pferd züchtigen.

LXXXVII.

*) Im Original stehet 10 Paoli. Vermuthlich muß es
zehn Scudi heißen, sonst würde nur ein Species=
thaler herauskommen.

LXXXVIII. An Rindvieh iſt ein ſo reicher Vorrath in Chile, daß das Stück gemeiniglich nur auf 3 Speciesthaler kommt. Die vielen fetten Weiden befördern ſeine Vermehrung. Es giebt Herrn, die auf ihren Gütern, welche ſich auf viele Meilen erſtrecken, zehn bis zwölf tauſend Stück Rindvieh halten. Von dieſen ſondern ſie jährlich 500 bis 1000 Stück ab, ſchicken ſie auf fettere Weiden, und beſtimmen ſie zur Schlachtbank. Wenn die hierzu beſtimmte Zeit ankommt, ſo wird auf der Ebene des Feldes ein großes Pfalwerk errichtet, worin jeden Tag ſo viele Stücke einge- ſchloſſen werden, als zum ſchlachten beſtimmt ſind. Alsdenn beluſtigen ſich die Bauern, indem ſie den aus dem Pfahlwerk herausgelaſſenen Ochſen zu Pferde und mit ſichelförmigen langen Spießen verfolgen, um ihm die Flechſen an den Beinen zu durchſcheiden. Sobald er fällt, ſtecken ihm die dazu beſtellten Mezger eine Meſſerſpitze ins Genick, und ſchleppen das todte Thier zur Schlacht- bank, welche unter grünen Lauben aufgerichtet wird. Darauf ſondern ſie das Fett und Unſchlitt vom Fleiſch ab, ſchneiden das Fleiſch in zwey bis drey Fuß lange und einen Fuß breite und dünne Stücke, ſalzen dieſe ein, und trocknen ſie an der Sonne, oder an der Luft. Wenn es recht aus- getrocknet iſt, wird es eingepackt, und theils in die Bergwerke, theils in die Seehäfen für Schiffe, und theils nach Peru geſchickt. Eben dahin wird
auch

auch das Schmeer ausgeführt. Es giebt hier
eine Gattung Rindvieh ohne Hörner, und von
häßlicher Gestalt. Diese vertheidigen sich mit
den Zähnen, vor welchen Waffen sich die Hirten
mehr fürchten, als vor Hörnern.

LXXXIX. Eben so groß und noch viel größer
ist der Vorrath an Schaafen und Ziegen. Die
Schaafe lämmern unfehlbar zweymal des Jahrs,
und bringen sehr oft zwey Lämmer auf einmal.
Das nemliche thun die Ziegen, welche sehr selten
nur ein Junges, sondern gemeiniglich drey, vier,
und manchesmal auch mehrere zur Welt bringen.
In den Thälern des Andischen Gebirges werden
die Schaafe größer als auf den Ebenen des eigent-
lichen Chile. Daher werden die Schaaffelle,
welche von den Peguenches oder Berg-Indianern
kommen, am meisten gesucht. Auch ist die Wolle
der Andischen Schaafe länger und schöner, obgleich
auch die übrige nicht zu verachten ist.

§. III.
Die Mineralien und Metalle.

XC. Wenn man die große Fruchtbarkeit des
Erdreichs in Chile betrachtet, so sollte man glauben, daß es mit einem reichen Vorrath von Mineralien versehen wäre, welche vielmehr von einem
dürren unfruchtbaren Boden zeugen. Dem ungeachtet ist Chile von innen reicher als von außen.

Es

Es ist faſt mit allen bekannten Metallen, Halb-
metallen und Mineralien verſehen. Das Gold
iſt daſelbſt ſo gemein, daß ein gewiſſer Schriftſteller, der ſich länger als 40 Jahr da aufgehalten
hatte, die Sache nicht ſehr übertrieb, wenn er
ſagte, ganz Chile wäre eine Goldſtange.*) Und
in Wahrheit iſt hier faſt kein Berg, der nicht mehr
oder weniger Gold enthalte. Auch findet man
oft Goldſtaub auf der Ebene, und unter dem
Sande der Flüſſe und Bäche. Das Chiliſche Gold
iſt nach dem Zeugniß des Herrn Plüche, des P.
Büffier und anderer Franzöſiſchen und Engliſchen
Schriftſteller, das reinſte der Welt. Es wird
ordentlicher Weiſe nach 20 Karaten geſchätzt,
und enthält ihrer oft $23\frac{1}{2}$.

Goldgruben.

XCI. In den mittäglichen Provinzen hatten
die Spanier viele vortrefliche Goldgruben entdeckt,
aus welchen ſie unermeßne Summen gewannen.
Aber die Arauker, welche dieſe Gegenden bewohnen, vertrieben die Spanier, warfen die Gruben
zu, und erlauben es ſeitdem keinem mehr, daſelbſt
zu graben. Die vornehmſten Bergwerke der
Spanier ſind jene zu Copiapò, Guaſco, Coquimbo, Andacollo, Petorca, Ligua, Penue-
las, Tiltil, Caren, Algue, Talca und Huilli-
pataga.

(G)

*) Der Mönch Gregorio di Leon in ſeinem Werkgen,
betitelt: *Mapa del Chile.*

pataga. Das Gold wird hier auf zweyerley
Art gewonnen, da man entweder mit eisernen
Werkzeugen die reichhaltigen Steine zersprengt,
oder das Gold aus dem Sande der Flüsse sammelt. Die erste Art ist zwar kostbarer, bringt
aber mehr Gewinn. Sie bedienen sich einer
Mühle, die sie Trapiche nennen, und mit zwey
Mühlsteinen versehen ist, die fast eben so wie eine
Olivenkelter geordnet sind, und zwischen welchen
die Goldstufen zermalmet werden. Darum bewegt sich der obere Mühlstein in einem zirkelför-
migen Kasten, der damit angefüllt ist, und vermittelst eines damit verbundenen kleinen Kanals
beständig bewässert wird. Dieses Wasser führt
die zermalmten feinern Theile durch ein Loch in
gewisse Gruben, die sie Maritate nennen. Wenn
auf diese Weise alles zermalmet ist, so wird Quecksilber darunter gethan, welches alle Goldtheilchen
in einen weißlichen Ball vereint, dem hernach das
Feuer die gelbe Farbe und die Härte mittheilt.
Der zweiten Art, das Gold aus dem Sande zu
sammeln, bedienen sich diejenigen, die nicht Kapi-
talien genug besitzen, an Bergwerken Theil zu
haben. Sie thun den Sand in ein Schiffgen
von Horn, welches sie Poruna nennen, und da
sie ihn darin mit Wasser vermischen und waschen,
so fallen die Goldkörner wegen ihrer größern
Schwere auf den Grund. Sie würden noch einmal so viel Gold gewinnen, wenn sie sich des

Queck-

Quecksilbers dabey bedienten. Dem ungeachtet
ist der Gewinn beträchtlich. Ein guter ehrlicher
Mann, der sich des Winters damit zu beschäftigen
pflegte, gestand mir, er gewönne wenigstens fünf
Speciesthaler die Woche. Oft finden sie große
Stücke Gold. Ich habe welche von 13 bis 15
Unzen gesehen.

XCII. Alles Gold, welches jährlich in Chile
sowohl in Bergwerken als im Sande gewonnen
wird, beläuft sich ungefehr auf vier Millionen
Speciesthaler, wovon anderthalb Millionen zu
Gold gemünzt werden. Das übrige gehet entweder in Körnern oder größeren Maßen außer
Landes, oder wird zu Geräthschaften und Zierathen
der Kirchen, Häuser und Menschen zerschmolzen.
So arm auch ein Frauenzimmer seyn mag, so
trägt es doch wenigstens goldne Ohrenringe. *)
Silber-

*) Die Anzahl Menschen, die in Bergwerken leben, ist
sehr gering; weil der Landmann, der die meisten von
ihnen in Armuth sterben siehet, im Wahn stehet, es
sey nicht viel dabey zu gewinnen. Aber die Armuth
solcher Leute hat ein liederliches und lasterhaftes Leben
zum Grunde. Da sie beständig mit dem Golde
umgehen, so verachten sie es, und verlieren es durchs
Spiel, durch andere Ueppigkeiten und unglaubliche
Verschwendung. Sie sind hierin so weit gekommen,
daß wenns sie an einen Arbeiter bemerken, daß er sich

Geld

Silbergruben.

XCIII. So groß auch der natürliche Vorrath an Silber ist, so wird es doch nur an wenigen Orten gegraben; weil es mehr Unkosten erfordert, als Gold. Die berühmteste Silbergrube ist im Thal Uspallata im Andischen Gebirge zwischen dem 31 und 33 Grad südlicher Breite. Man entdeckte sie im Jahr 1638, und ob man gleich ihren Reichthum sehr wohl einsah, so wurde sie dennoch aus Mangel des Geldes oder der Arbeiter vernachläßiget, bis 1762, da sie der Vicekönig von Peru von zween Kunstverständigen besichtigen ließ. Sie erkannten die großen Schätze, die hier verborgen sind, und ermunterten die Einwohner der benachbarten Stadt Mendoza, dieselben zu erbeuten; welches sie noch bis zum heutigen Tag mit unermeßnem Gewinn thun. Dieser Silbergang, welcher 9 bis 10 Fuß breit ist, erstreckt sich in der Gestalt

Geld sparen will; sie ihn auf alle mögliche Weise darum zu bringen suchen. Die Eigenthümer der Bergwerke erlangen fast nicht die Hälfte dessen, was sie erlangen sollten. Die Arbeiter verstecken die beträchtlichsten Stücke Goldes, arbeiten täglich eine Stunde, und an Posttagen die ganze Nacht für sich; und wo sie eine reiche Ader entdecken, bearbeiten sie dieselbe in ihren Stunden. Diesem eingerißenen Uebel ist nicht abzuhelfen, weil es sonst an Arbeitern fehlen würde.

Gestalt eines Gürtels ungefehr 30 Meilen weit, und theilt sich auf beiden Seiten in viele Neben= zweige. Der Länge nach zergliedern sie ihn in fünf ungleiche Adern. Die mittlere, welche nur zwey Unzen breit ist, und sich durch die Farbe von den andern unterscheidet, wird von den Arbeitern für den Kern der Grube angesehen, und daher mit dem Namen Guida belegt. Die vier Streifen, die auf beiden Seiten neben dem Kern fortlaufen, kommen an Güte ihres Silbers dem gesagten Kern nicht bey; die zwo ersten nennen sie Pinterie, und die zwo äußersten, welche nicht so reichhaltig sind, Brossa. Diese Adern sind zugleich sehr tief; denn 1766 war man in einigen Gruben schon 160 Ellen tief gekommen, und man hat bemerkt, daß die Reichthümer nach dem Maaß der Tiefe zunehmen.

XCIV. Die Art, wie hier die Bürger von Mendoza das Silber von seinen Unreinigkeiten säubern und scheiden, ist folgende. Erstlich wer= den die Silberstufen vermittelst einer Mühle, die fast wie jene der Goldstufen beschaffen ist, in den feinsten Staub verwandelt, hernach durch ein von feinem Drath gemachtes Sieb getrieben, auf Rin= derhäuten mit Salz, Quecksilber, mit wohl durch= faulten Koth und Wasser vermengt; woraus ein Teig entstehet, den man acht bis zehn Tage, jeden Tag zweimal durchknätet. Darauf wird der Teig in einen steinernen Trog gebracht, wo er durch

(G) 3 aufge=

aufgegossenes Waſſer aufgelöſet wird, und durch
eine Oefnung in Gruben, die unter dem großen
Troge ſind, hinabfließt, wo das Silber ſich in Geſtalt einer weißen Kugel mit dem Queckſilber vereint. Dieſe Kugel ſtecken ſie in einen leinenen
Sack, und preſſen das Queckſilber aus, ſo viel ſie
können, oder gießen den Teig in löcherichte Formen allerhand Art, damit das Queckſilber auch
durch dieſe Löcher ſich abſondere, und was noch
davon in der Maſſe übrig bleibt, wird endlich
durchs Feuer gänzlich getrennt.

XCV. Man hat zu Lima die Metalle dieſes
Bergwerks durch die Kunſtverſtändigſten von
Potoſi unterſuchen laſſen, und gefunden, daß der
Guida von einem Caſſone, das iſt, von 50 Centner Stufen, mehr als 200, die Pinterie nicht
mehr als 50, und die Broſſa nur 14 Mark Silber geben. Setzt man nun die Mark auf den gemeinen Preis der Bergwerke, ſo geben 50 Centner Silberſtufen in dem mittlern Kerngang
(Guida) 1600, in den Pinterien 400, und in den
zwo äußerſten Streifen 112 Speciesthaler Gewinn.
Vergleicht man dieſen Gewinn mit jenem der
Silbergruben Potoſi, welche die berühmteſten
der Welt ſind, ſo ſind dieſe bey weitem nicht ſo
reichhaltig; denn ſie haben von einem Caſſone
nie 40 Mark Beute abgeworfen; und dennoch
bereichern ſich die Eigenthümer, welche nur 8 Mark
davon erhalten, und mit 6 Mark ſtehen ſie noch
wohl

wohl dabey. Man kann daher auf den Gewinn
dieses neuen Silberbergwerks schließen, welches
auch dem zu Potosi in der Dauer nichts nachgiebt,
weil es nicht nur länger ist, sondern auch in der
Tiefe unerschöpflich zu seyn scheint. Unter den
übrigen Chilischen Silbergruben sind die von
Gormaz, nicht weit von der Hauptstadt, und die
von Garro in dem Lande Copiapò, welche von
50 Centner Stufen 30 Mark Silber geben, die
merkwürdigsten.

Kupferbergwerke.

XCVI. Es fehlt in Chile auch nicht an
Kupferbergwerken, und das Kupfer, welches
hier ausgegraben wird, vergleicht Ullòa mit dem
Korinthischen Erzt. Neben andern schönen Eigenschaften ist dieses Kupfer gemeiniglich mit Gold
vermischt. Daher suchten im Anfange dieses
Jahrhunderts die Franzosen so viel sie von diesem
köstlichen Metall haben konnten auszuführen. In
unzähligen Oertern könnte man Kupferbergwerke
anlegen; aber man will nur solche Gruben bearbeiten, wo man von 50 Centner Kupfererzt die
Hälfte Kupfer gewinnt; sonst, sagen sie, wird die
Mühe nicht belohnt. Dem ungeachtet finden
sich zwischen den Städten Copiapò und Coquimbo
wohl tausend offene Kupfergruben, worin gearbei-
tet wird, und eben so viel in der Provinz Aconcagua.
Neulich hat man in der Provinz Quillota eine

(G) 4   Kupfer-

Kupferader gefunden, welche alle die übrigen an
Ueberfluß und an Güte des Kupfers übertrift.
Eine andere vortrefliche wird in der Provinz
Maule bearbeitet. Die berühmteste war jene zu
Pajen; man hat sie aber verlassen, weil sie in
dem Gebiete der Wilden liegt. Man fand daselbst ehedem funfzig und auch hundert Centner
schwere Stücke gediehenen Kupfers, welches so
schön war, daß es wie Gold glänzte; so reich,
daß es mehr Gold als Kupfer enthielt, und sehr
leicht zu gewinnen war. Man reinigt in den
Chilischen Bergwerken das Kupfer auf folgende
Weise: Man gräbt ein tiefes Loch, welches mit
einer Maße von Gyps und zu Staub gebrannten
Knochen unten her bekleidet ist, damit das Metall
nicht in die Erde dringe. Auf den vier Seiten
des Lochs werden Mauern aufgeführt, die sich oben
wie Brennöfen zusammen beugen. Neben den
Rauchlöchern wird oben noch eine Oefnung ge-
lassen, theils das Erzt dahinein zu thun, theils
auch den Zustand des schmelzenden Metalls zu
beobachten. Die Gewalt des Feuers zu vermehren, werden große Blasbälge durch das Wasser
in Bewegung gesetzt; und wenn das Metall wohl
zerschmolzen ist, öfnen sie unten am Ofen eine
Thüre, aus welcher das Kupfer wie ein feuriger
Strom hervordringt, und die darunter gelegten
Modelle und Formen anfüllt.

XCVII.

XCVII. Ich kann nicht beſtimmen, wie viel Kupfer in dieſen Bergwerken jährlich gewonnen wird; ich weiß aber, daß vier bis fünf Schiffe jährlich aus Spanien kommen, deren jedes anſtatt des Ballaſts 10 und oft auch 20 tauſend Centner Kupfer mit ſich zurück führt. Nach Peru gehen 30 tauſend Centner, die theils in den Zuckerfabriken, und theils zu häuslichen Geräthſchaften verbraucht werden. Das nemliche geſchiehet in eben ſo großer Menge in Chile. Auch ſind alle Glocken und Artillerieſtücke in Peru und Chile aus dieſem Metall gegoſſen.

Eiſen, Marmor, Salz, und andere Mineralien.

XCVIII. Die Provinz Coquimbo, die Araukaniſchen und andere Gegenden ſind reich an Eiſenerzt, welches ein ſehr gutes Eiſen giebt. Weil man aber das benöthigte Eiſen aus Spanien hierher bringt, ſo iſt es verboten, die hieſigen Eiſengruben zu bearbeiten. In dieſen letzten Jahren hat man angefangen, aus einigen Bergen der Provinz Coquimbo das Queckſilber, womit ſie gleichſam angefüllt ſind, zu ziehen; aber Zinn, Bley, Arſenicum, Kobolt, Antimonium und andere dergleichen nutzbare Mineralien läßt man noch unberührt. Unter vielen Jaſpis und Marmorbrüchen wird kaum einer oder der andere bearbeitet. In der Provinz Copiapò ſind die Berge reich

(G) 5   an

an weiſſen, gelben, dunkelblauen und rothen
Salz; aber die Einwohner bedienen ſich des Salzes, welches hier und da auf den Seeküſten, und
eines andern ſehr weiſſen, welches aus verſchiedenen Salzquellen des Andiſchen Gebirgs zubereitet
wird. Die nemlichen Berge enthalten auch einen
reichen Vorrath von Bergharz, Schwefel, Sal-
peter 2c. Ganz Chile beſitzt unter der Erde ver-
ſchiedene Schichten von Thon, und weiſſer, rother, gelber, blauer, ſchwarzer und grüner
Erde, die man aber wenig benutzt. Gewiſſe
Nonnen in der Hauptſtadt verfertigen aus einer
ſehr leichten Thonerde Becher, Schaalen, Fläſch-
chen, die ſie mit verſchiedenen Farben und auch
wohl mit vergoldeten Malereyen von Blumen und
Vögeln zieren. Dieſe Gefäße, worin das Waſſer
einen angenehmen Geruch und Geſchmack an-
nimmt, werden in Menge nach Peru und Spanien gebracht, wo ſie ſehr geſchätzt werden. Die
Peruaniſchen Weiber eſſen dieſe Gefäße mit großem
Vergnügen, wie die Mogoliſchen Weiber die irde-
nen Gefäße von Patna. Die Färber finden in
den Wäldern eine ſchwarze Erde, womit ſie ſchwarz
färben.

Edelgeſteine.

XCIX. Die Andiſchen Berge ſind ſehr reich
an Kriſtallen und Lapis Lazuli. In der Provinz
Maule findet ſich eine verlaſſene Grube feiner

Amethiften. In den Flußbetten finden sich oft
Smaragden, Rubinen und andere kostbare
Steine; wodurch bewiesen wird, daß in den Bergen, woher die Flüsse kommen, Schätze von Edelgesteinen verborgen sind; aber die Nachläßigkeit
der Einwohner läßt nicht zu, daß sie dem Ursprung
derselben nachspüren. Auch ist dieses zum Theil
eine Folge des Mangels an Künstlern, die sich
gründlich auf diese Geschenke der Natur verstehen.
Ohne Zweifel würde man noch viele andere Schätze
aus dem Andischen Gebirge gewinnen, wofern der
Sachen verständige Leute darauf ausgiengen. Es
giebt unter den Andes viele Berge, die noch von
keinem menschlichen Fuß betreten worden sind.
Gleich wie man in bewohnten Gegenden täglich
neue Mineralien entdeckt, so ist es auch höchst
wahrscheinlich, daß die Gebirge, wo sie am wenig-
sten ersteiglich sind, unermessene Schätze von Metal
und Edelgesteinen enthalten.

Zweyter

Zweyter Theil,

von den verschiedenen Völkern,
von ihrer bürgerlichen und militärischen Ver-
faſſung, Religion, Sitten und
Gebräuchen,
und von den Spaniſchen Provinzen und
Städten in Chile.

§. I.

Von den wilden Völkern, beſonders von
den Araukern, von ihrer Sprache,
Religion, kriegeriſchen Verfaſ-
ſung, Sitten u. ſ. w.

I. Vor der Ankunft der Spanier war Chile
ſo ſehr bevölkert, daß alle Berge, Thäler
und Ebenen von Leuten wimmelten, welche unter
viele Fürſten, oder kleine Könige vertheilt waren,
die ſie in der Sprache des Landes Ulmenes nannten. Ob ſie gleich in viele Stämme getrennt
waren, ſo bildeten ſie dennoch nur eine Nation,
und kamen in der Sprache, in der Geſichtsfarbe,
in den Sitten, und faſt gänzlich in der Regierungs-
form überein. Seitdem aber die Spanier den
ganzen Strich Landes, zwiſchen dem 24 und 36
Grad der Breite ihrer Herrſchaft unterworfen
haben, haben ſich die Copiaper, Coquimber,
Quillo-

Quilloter, Mapocher, Promocaer, Curer,
Cauquer und Penconen, die daselbst wohn-
ten, nach und nach verloren, weil sie sich entweder mit ihren Ueberwindern vermengt oder nach
dem Verlust ihrer Besitzungen sich mit andern
ihrer Landsleute, die ihre Freyheit tapfer verthei-
digten, vereint haben. Der kleine Ueberrest dieser Stämme lebt theils unter den Spaniern, theils
in abgesonderten Flecken unter verschiedenen Spanischen Herren, denen sie als Pflegbefohlene eine
gewisse Abgabe erlegen. Das Nemliche geschiehet
auf dem Inselmeer Chiloë, wo sich eine große
Anzahl ursprünglicher Einwohner erhalten hat.
Unter jenen des festen Landes findet sich ihrer ein
ganzes Volk auf den südlichen Grenzen zwischen
den Spaniern und Araukern, von welchen wir
hernach sprechen werden, das sich von diesen getrennt, und mit jenen verbunden hat, unter deren
Schutz es einer vollkommnen Freyheit genießt,
außer daß es im Nothfall Hülfstruppen liefern
muß. Aber die Nationalstämme, die auf den
Gebürgen und auf den Ebenen zwischen dem 37
und 45 Grade der Breite wohnen, genießen einer
gänzlichen Freyheit und leben nach der Weise ihrer
Vorfahren. Also ist Chile 1) von ursprünglichen
Indianern, 2) von Spaniern, 3) von Negern,
welche von Afrika hierher versetzt worden sind, und
4) von Leuten, die aus der Vermischung verschiedener Nationen gebohren sind, bewohnt.

II. Die

II. Die wilden Indianer (so wollen wir diejenigen nennen, die den Spaniern nicht unterworfen sind) leben theils in Gebirgen und theils auf ebenen Gegenden. Jene, welche die Chiquillaner, Pehuencher und Puelcher sind, wohnen in den Thälern der Andes unter Gezelten von Guanaco-leder, welche sie von einer Gegend zur andern mit sich nehmen; und ernähren sich von Pferdefleisch. Die Chiquillaner halten sich in dem östlichern Theil des Gebirges zwischen dem 34 und 34½ Grade auf. Sie sind der geringste und wildeste unter den Stämmen. Sie gehen fast ganz nackend, und ihre Sprache ist eine verdorbene Chilische Mundart, welche stark durch die Gurgel ausgesprochen wird. Die Pehuencher wohnen auf der Westseite der Chiquillaner, und erstrecken sich bis zum 37 Grad der Breite. Diese sind in viele Herrschaften getheilt, die von einander unabhängig sind, und hüllen sich in ein wollenes Zeug, welches sie um ihren Leib winden und vorn herabhängen lassen. Sie sind die Einzigen unter den Nationalstämmen, welche Schuhe tragen. Sie streifen hierzu die Haut von den Hinterbeinen der Kühe ab, und wenn diese noch frisch ist, ziehen sie dieselbe um den Fuß, damit sie die Form desselben annehme, und wenn sie verdorrt ist, machen sie dieselbe mit Fett so geschmeidig, wie Leder. Ihre Waffen sind Lanzen, Säbel und zwei runde Steine von ungefehr 6 Pfund, welche mit Leder bedeckt,

an

an den beiden Enden eines vier bis fünf Fuß langen Riemens befestiget sind und Laques genannt
werden. Diese zween Steine tragen sie beständig
an ihrem Gürtel, und wenn sie sich ihrer wider die
Feinde bedienen, so nehmen sie einen der zwey
Steine in die Hand, schwingen den andern einigemal herum, und werfen sie beyde mit großer Gewalt unter die Feinde, oder unter die Beine ihrer
Pferde, und es gelingt ihnen fast jederzeit, sie
darein zu verwickeln. Derselben bedienen sie sich
auch auf der Jagd, große Vögel und wilde Thiere
damit zu fangen. Die Pehuencher treiben unter
allen Wilden den größten Handel mit den Spaniern, aber alles durch Tausch, weil sie kein Geld
kennen. Einige ihrer Kolonien, die sich an dem
östlichen Fuß der Andes niedergelassen hatten, und
mit Einwohnern der Provinz Cuyo handelten,
plünderten oft die Landgüter und Dörfer der Stadt
Buenos-ayres, und überfielen die Spanischen
Karavanen, die des Handels wegen dahin reiseten; sie sind aber nach einem zehnjährigen Kriege
zu Grunde gerichtet, und von den Pampas, einem
auf der östlichen Seite herumschweifenden Volke,
ins Gebirge zurückgetrieben worden. Die Puelcher,
welche an die Pehuencher grenzen, erstrecken sich
bis zum 43 Grad, und theilen sich in die Oestlichen
und Westlichen. Diese bewohnen die Andischen
Thäler, und jene die an die Ostseite des Gebirges
grenzenden Ebenen. Im vorigen Jahrhundert

waren

waren sie beständige Bundesgenossen der Arauker; nun aber sind sie unter einer Herrschaft mit
ihnen vereint, und bilden den vierten Theil, worin
dieselbe zergliedert ist. Die Wilden, welche die
Ebenen bewohnen, sind die Huilicher, die Cuncher
und die Arauker. Die Huilicher wohnen zwischen dem Fluß Bueno und dem Inselmeer Chiloë,
und die Cuncher zwischen dem Fluß Valdivia, und
dem nemlichen Inselmeer längst der Küste. Diese
zween Stämme sind tapfre Bundesgenossen der
Arauker, und wider die Spanier, denen sie den
Landweg zu dem Inselmeer versperren, sehr feind-
lich gesinnt.

III. Die Arauker grenzen gegen Norden
an den Fluß Biobio, der sie von den Spaniern
absondert, gegen Westen an das Weltmeer, gegen
Mittag an den Fluß Valdivia, der sie von den
Cunchern trennt, und gegen Morgen an das Land
der Patagonen, dergestalt, daß sie zwischen den
36°, 45' und 40° wohnen. Dies ist der berühmteste Stamm der Amerikaner wegen ihrer
Tapferkeit, wegen ihrer militärischen Regierungsart und wegen der Kriege, die sie vom Anfang
bis auf den heutigen Tag wider die Spanier geführt haben. Selbst die Spanier Don Alonso
de Ercilla, welcher sich in sieben Treffen mit ihnen
befunden hatte, und Hernando Alvarez von To-
ledo, haben in ihren Spanischen, Araucana beti-
telten, Gedichten ihre Kriegskunst und die Standhaftigkeit,

haftigkeit, womit sie ihre Freyheit vertheidigen,
gepriesen. Sie haben ihren Namen von ihrer
Provinz Arauco, welche zwar die kleinste, aber,
wie Holland unter den andern vereinten Provinzen, die vornehmste ist. Aber ihr gemeiner Name
ist Aucà, welches einen Kriegsmann bedeutet.

IV. Die Arauker sind meistens von regel-
mäßiger Bildung, stark und wohl proportionirt an
Gliedern. Ihr Kopf und Gesicht sind rund, die
Stirn klein, die Nase etwas niedergedruckt, die
Augen vielmehr klein und sehr lebhaft, die Brust
und Schultern breit, die Hände und Finger kurz
und dick, die Füße klein und platt. Sie sind ohne
Bart, theils weil ihnen denselben die Natur ver-
sagt hat, theils auch, weil sie ein jedes Härgen,
das sich blicken läßt, mit einer kleinen Zange, die
sie jederzeit am Halse tragen, ausreissen. Ob sie
gleich weißer, als alle übrige National-Einwohner
des mittäglichen Amerika sind, so ist doch ihre
Farbe etwas olivenfärbig, und ihre Haare sind
schwarz und rauh. Hingegen ist die Gesichtsfarbe
der Einwohner der Provinz Boroa, welche mitten
unter den Besitzungen der Arauker liegt, weiß
und roth, mit himmelblauen Augen und blondem
Haar, wie jene der Europäer jenseits des 44 Grads
der Breite. *) Weil die Arauker von sehr starker

*) Die Provinz Boroa liegt auf dem südlichen Ufer des
Flusses Cauten, und ist ungefehr 10 Meilen breit

(H) und

ter Komplexion sind, so stellen sich die Merkmale
des Alterthums spät bey ihnen ein. Sie werden
nie vor dem 60 oder 70 Jahre grau, nie kahl-
köpfig, ehe sie sich dem 100 Jahre nähern. Sie
leben länger, als die Spanier, und man findet
unter ihnen, besonders unter den Weibern, viele,
die über hundert Jahr alt sind, und bis ins höchste
Alter ihre Zähne, Gesicht und Gedächtniß erhalten.

V. Was ihren sittlichen Charakter betrift,
so sind sie edelmüthig, gastfrey, getreu in ihren
Verträgen, sinnreich, unerschrocken, beherzt, stand-
haft in ihren Unternehmungen und in Strapazen,
eifersüchtig auf ihre Ehre, Verächter ihres Lebens,
wo es auf die Erhaltung ihres Vaterlands ankömmt, außerordentlich große Liebhaber der Freyheit und des Krieges, welchen sie für die Quelle
des wahren Ruhms der Menschen halten. Hingegen sind sie der Trunkenheit, der Trägheit in
Ansehung der häuslichen Wirthschaft und der Rach-
sucht gegen ihre Feinde über alle Maßen ergeben.

Die

und lang. Daß die Weiße ihrer Gesichtsfarbe von
der Vermischung mit den Spaniern, welche von Toqui
Paillamachu als Gefangene dahin versetzt wurden,
herkommen soll, ist ungegründet; denn die Spanier,
welche in den glücklichen Siegen dieses braven Krie-
gers in die Hände der Amerikaner fielen, wurden
größtentheils in die südlichern Provinzen der Arauker
vertheilt, wo sich keine Weiße finden, ob sie gleich
daselbst Kinder zeugten.

Die Unzucht ist unter ihnen nicht gemein, und in ihrem Umgang hört man selten ein unehrbares Wort. Die Vielweiberey ist zwar durch ihre Gesetze und Sitten erlaubt; jedoch hat sie mehr die Pracht und Eigennützigkeit, als die Wollust zum Endzweck. Die Tugenden, die unter ihnen am höchsten geschätzt werden, sind die Tapferkeit, Klugheit, Verschwiegenheit, Schlauigkeit, Kriegskunst, Liebe des Vaterlands und der Freyheit, Standhaftigkeit, und alle die Eigenschaften, welche zu einem guten Kriegsmann erfordert werden. Um die übrigen Tugenden bekümmern sie sich nicht viel.

VI. Ihre Sprache, welche von der allgemeinen Chilischen nicht unterschieden ist, ist eine der schönsten der Welt. Sie ist anmuthig, voll Ausdruck, reich an Wörtern, und von so künstlichem Mechanismus, daß sie durch ein langes Studium gelehrter und in den geometrischen Wissenschaften geübter Männer erfunden zu seyn scheint. Ihr Alphabet hat zwey Buchstaben mehr als jenes der Europäer, nemlich ein G, das durch die Nase ausgesprochen wird, und ein Th, bey dessen Aussprache die Zunge sich an den Gaum hält. Sie hat zwey U, wie die Französische Sprache. Das F und das Z finden sich in keinem ihrer Wörter, es sey denn, daß man ihr W zu einem F machen wollte. Alle ihre Nennwörter haben nur eine Declination, und die Zeit-

(H) 2   wörter

wörter nur eine Conjugation. Das wunder=
barste ist, daß sie bey ihrem überaus großen Reich=
thum von Nenn= und Zeitwörtern kein einziges
Defectivum oder Anomalum haben. Man kann
daher alle ihre Regeln auf ein Blatt schreiben,
und in Zeit von 8 Tagen lernen. Sie hat, wie
die Griechische Sprache, den Numerum dualem
in den Nennwörtern, und in den Zeitwörtern in
allen drey Personen der vielfachen Zahl, die
Aoristi, den öftern Gebrauch der Participien, und
die Zusammensetzung mehrerer Wörter, worin sie
reicher als die Griechische ist; wie auch die Tem=
pora, Modos, das Activ und Passiv. Die Casus
der Nennwörter, und die Personen der Zeitwörter
werden durch am Ende angehängte Partikeln
ausgedrückt, die Tempora und Modi durch andere
dazwischen gesetzte Partikeln, dergestalt daß die
Partikeln eines Modi durch alle Tempora und
Personen desselben bleiben, und mit den charakte=
ristischen Partikeln der Zeiten verbunden werden.
Z. B. in der gegenwärtigen Zeit des Zeitworts
geben, sagen sie im Indicativ:

Sing. Elun, ich gebe;
  Eluimi, du giebest;
  Elui, er giebt.

Dual. Elulu, wir zwey geben;
  Eluimu, ihr zwey gebt;
  Eluighu, sie zwey geben.

Plur.

Plur. Eluign, wir geben;

Eluimn, ihr gebt;

Eluighen, sie geben.

Weil die charakteristischen Partikeln des Präteriti imperfecti vu, des Perfecti je, des Futuri a sind, so werden diese vor die endigenden Partikeln der Personen gesetzt; woher sie denn sagen Eluvun, ich gab; Elujen, ich hab gegeben; Eluan, ich werde geben; Eluvuimi, du gabst; Elujeimi, du hast gegeben; Eluaimi, und so fort. Was das Plusquamperfectum betrift, so wird dieses durch die Vereinigung der charakteristischen Zeichen des Imperfecti und Perfecti, woraus es auch wirklich bestehet, ausgedrückt. Z. B. Elujeavun, ich hatte gegeben; und so wird auch das Perfectum futuri aus den Partikeln dieser zwo Zeiten gemacht, z. B. Elujean, ich werde gegeben haben. Die Aoristi bekommen die Partikeln der Zeiten, denen sie sich in ihrer Bedeutung am meisten nähern, nemlich der Aoristus primus jene des Futuri und des Imperfecti; z. B. Eluavun, und der Aoristus secundus jene des Präteriti perfecti, futuri, und Präteriti imperfecti, als Elujeavun. Diese Ordnung wird auch im Passiv mit den Partikeln der Personen und dem charakteristischen Zeichen des Passivs, welches ghe ist, und mit jenen verbunden wird, beobachtet. Sie sagen daher Elughen, ich werde gegeben; Elugheimi, du wirst gegeben u. s. w.

Elu=

Eluvughen, ich wurde gegeben; Elujeghen, ich
bin gegeben worden.

VII. Ein Zeitwort kann durch die Verbin=
dung mit verschiedenen Partikeln und anderen
Zeit= und Nennwörtern eine Wurzel tausend anderer
Zeitwörter werden. Z. B. Pran heißt vergeblich,
La nicht, Pe vielleicht, Elo zusammen, Pa kom=
men, Val können. Diese bilden mit dem Zeit=
wort Elun folgende Zeitwörter: Elupran, ich
gebe vergeblich; Elulan, ich gebe nicht; Elupen,
ich gebe vielleicht; Eluelon, ich gebe zugleich mit
einem andern; Elupan, ich komme zu geben;
Eluvaln, ich kann geben. So kann auch aus
mehrere dergleichen Wörtchen ein Zeitwort werden,
z. B. Elupelan, vielleicht gebe ich nicht. Die
Compositionen sind dieser Sprache sehr eigen; sie
bildet sogar eigene Zeitwörter mit dem Accusativ,
den sie regieren. Z. B. aus dem Zeitwort Elun
und dem Worte Ruca, Haus, macht sie das Zeit=
wort Elurucan, ich gebe das Haus. Dabey
verändert sie alle Nennwörter in Zeitwörter, und
diese in jene. Z. B. aus Ruca, Haus, macht
sie Rucan, ein Haus bauen; aus Cuje, der
Mond, Cujen, scheinen des Mondes; aus Cume
gut, Cumen, gut seyn; Cudau, Mühe, Cu=
daun, sich bemühen; Antu, der Tag, Antun,
Tag werden; Duam, Verstand, Duamen,
verstehen. Mit der nemlichen Freiheit machen
sie aus mehrere Nennwörtern eins, ohne einige

Verbin=

Verbindungspartikel; z. B. Loncomilla, ein
Kopf von Gold, aus Lonco Kopf, und Milla
Gold. Oft drücken sie eine ganze Periode mit
einem Zeitwort aus, z. B. Mulplicolelen, heißt
helft mir, die Wahrheit ihm zu sagen; und
Rucatummaclopaen, heißt, thut mir den Gefal-
len, und helft mir ein Haus bauen. Ihre
Zeitwörter bedeuten auch nicht nur eine Handlung,
sondern auch die Modificationen derselben, z. B
von thanthun, werfen, wird huithan, gegen
sich hinwerfen; huithun, gegenüber werfen;
huichunthun, zur Erde werfen, gemacht.

VIII. Die Religion der Arauker besteht in
folgenden Glaubens-Artikeln: 1) daß es ein
höchstes Wesen giebt, dem sie den Namen Gue-
nupillan (Seele des Himmels) geben; 2) daß
von diesem höchsten Wesen alle ihre übrigen
Gottheiten abhangen. Diese sind, Meulen, (der
wohlthätige Gott;) Huecub, (der böse Geist,)
welchem sie alle Uebel dieser Welt zuschreiben;
Epunamun, welcher ihr Mars ist, und von welchen
sie alles das glauben, was wir von unsern Wan-
dergeistern erzählen; Antumalguen, das Weib der
Sonne, welcher sie die Gottheit zuschreiben, ob
sie gleich dieselbe ihrem Manne absprechen, dem
sie so gar für todt halten. Diese Gottheiten ver-
ehren sie weder in Tempeln, noch in Bildern,
noch in andern geweiheten Oertern. Wenn sie
den Frieden schließen, schlachten sie einige der

(H) 4   dazu

dazu besonders bestimmten Schaafe, die sie Chilihueques nennen, und bespritzen mit dem Blut
derselben den Zimmetzweig, der das Zeichen des
Friedens ist. Auch schneiden ihre Aerzte, welche
zugleich ihre Priester sind, den Schaafen das Herz
aus, und besprengen die Kranken mit dem Blut
desselben. Darauf werfen sie schreckliche Blicke
auf sie, und geberden sich mit den Händen, als
schnitten sie ihnen die Brust auf. Indessen stim-
men die Weiber, welche gegenwärtig sind, einen
sehr traurigen Gesang an. Hierauf beräuchern
die Machi die vier Winkel des Zimmers mit Taback, und wenn dieses geschehen ist, stellen sie sich
wie Besessene, fallen zur Erde, machen schreckliche Sprünge, und legen den Ursprung, Fortgang
und die Folgen der Krankheit nach einem Pfif
aus, welcher aus einer dumpfen Höhle zu kommen scheint; ihre Auslegung ist aber so zweydeutig,
daß sie nicht Lügen bestraft werden kann, wenn
sich auch das Widerspiel zuträgt. Indeß rufen
die Kranken den Gott Meulen an; und diese
ganze Ceremonie wird Machitun genannt.

IX. Aber die seltsamste ihrer Ceremonien ist
jene, welche sie anstellen, ihre Feldfrüchte von
dem Huecub, wie sie vorgeben, zu befreyen.
Wenn diese von Mäusen oder Würmern stark
beschädigt werden, so stecken sie, so viel sie ihrer
auftreiben können, in einen Sack, tragen diesen
auf eine Wiese, und stellen sich in zwo Reihen

einander

einander gegenüber. Sie sind alsdenn ganz wider ihre Gewohnheit gekleidet; denn ihr Gesicht ist mit einer hölzernen Maske, und ihr Rücken mit einer trockenen Kuhhaut, die mit vielen klappernden Rohrstecken behängt ist, bedeckt, und ihre übrige Kleidung ist durchaus lächerlich. Zwischen den zwo Reihen stehen ihre Ulmenes oder Fürsten. Darauf gehet die eine Reihe gegen Osten, und die andere gegen Westen, jedoch so, daß wenn der letzte der Reihe, die nach Osten gehet, dem letzten der andern Reihe nahe kommt, diese ostwärts und jene westwärts sich kehrt, indeß sie sich einander auf das schmählichste ausschelten, worunter die Weiber am meisten leiden. Wenn sie hierdurch wider einander aufgebracht sind, gehen die Fürsten aus der Mitte weg, und die übrigen fangen an, sich so hart mit Fäusten und Stöcken zu schlagen, daß viele mit blutigen Köpfen zurückkommen, und mancher auch todt auf dem Platz liegen bleibt. Endlich machen die Ulmenes Frieden unter ihnen, und das Spiel endiget sich damit, daß sie die im Sack eingeschlossenen Mäuse los lassen, und mit Stöcken todtschlagen.

X. Diese Wilden glauben die Unsterblichkeit der Seele, und sagen, daß sie nach ihrem Tode auf einem Wallfisch übers Meer fahren, und an dem andern Ufer ein uraltes Weib antreffen, dem sie einen gewissen Zoll bezahlen müssen, und woferu sie dieses nicht können, von demselben eines Augs

beraubt

beraubt werden, hernach aber in dieser neuen Welt
aller möglichen Freuden genießen; worunter diese
keine der geringsten seyn wird, daß sie sich ewig
mit schwarzen Erdäpfeln (Papa) speisen werden.
Die von dem Körper abgeschiedenen Seelen
nennen sie Pillan. Unter denselben giebt es
böse und gute. Die guten sind jene der Arauker,
und die bösen sind jene ihrer Feinde, besonders der
Spanier. Sie können über das Meer zurück-
kehren, ihren Freunden und Landsleuten beyzu-
stehen; und wenn es über dem Gebirge donnert,
so sind die Seelen ihrer Nation mit jenen der Spanier in einem Treffen begriffen. Das Rauschen
der Winde halten sie alsdann für das Getöse der
Reutereyen, das Krachen des Ungewitters für das
Gelärm der Trommeln, und die Wetterschläge
für Flinten und Kanonenschüsse; und wenn der
Wind die Wolken gegen die Besitzungen der Spanier treibt, so freuen sie sich herzlich, weil sie glauben, die Seelen der Spanier werden von jenen
ihrer Nation in die Flucht getrieben, und rufen ihnen zu: Inabimn, Inabimn, puen laghemtimn,
urequivilmn, das ist: verfolgt sie, Freunde!
habt kein Mitleid mit ihnen! Wenn aber das
Ungewitter von Norden zu Mittag ihnen entgegen
ziehet, so betrüben sie sich, und glauben, die Ihrigen
ziehen den Kürzern, und rufen: Eia volumn,
puen, namuntumn, das ist: auf, auf, Freunde!
haltet ein! wendet eure letzten Kräfte an.

XI.

XI. Auf ihren Glauben von der Unsterblichkeit der Seele beziehen sich einige ihrer Begräbniß-
Ceremonien. Wenn unter ihnen jemand stirbt,
umgeben seinem Leichnam sogleich seine Weiber,
Kinder und Anverwandte, und singen Trauerlieder.
Darauf ziehen ihm die Weiber seine besten Kleider an, und legen ihn auf ein erhöhetes Bett, mit
seinen Waffen, und mit einigen Speisen neben
ihm. So bleibt er acht bis zwanzig Tage liegen,
bis sich alle seine Anverwandten versammelt haben.
Ehe sie ihn zu Grabe tragen, entblößt und wäscht
ihn der Machi vor den Augen seiner Verwandten,
und untersucht fleißig, ob einiges Zeichen von
Vergiftungen vorhanden sey; denn diese unwissende
Gattung von Aerzten schreiben fast alle Krankheiten der Bezauberung zu. Finden sie etwa die
Narbe einer alten Wunde, so geben sie vor, durch
diesen Weg sey dem Todten das Gift beygebracht
worden. Sie schneiden ihm alsdenn das Herz
aus, und wissen ihren Betrug mit allerhand Merk-
malen zu bekräftigen. Indeß sie diese unumgäng-
liche Ceremonie verrichten, rennen zwey Jünglinge
auf eine wilde Art vor der Hausthüre herum;
und wenn die Ceremonien zu Ende sind, wird der
Todte aufs neue angekleidet, und in einem hölzernen Sarg in Procession zu Grabe getragen. Vor
der Leiche gehen alsdenn zwey Weiber, und streuen
Asche auf die Straße, in der Meynung, dem
Todten werde hierdurch die Rückkehr in sein Haus
abge-

abgeſchnitten. Wenn ſie zum Grabe kommen,
gehen ſie zwey oder dreymal um daſſelbe, und die
gegenwärtig ſind, machen dem Todten ein Geſchenk,
welches ſie entweder neben ihn in den Sarg, oder
auf die Bahre legen. Endlich laſſen ſie den Sarg
in das Grab hinab, und ſetzen Speiſen, Aepfelwein,
und was ein Reiſender nöthig hat, darneben.
Oft begraben ſie neben ihm ein Pferd, damit
er ſich deſſelben bediene, wenn es ihm nicht beliebt,
auf dem Wallfiſch die Reiſe zu machen. Wenn
alles dieſes geſchehen iſt, füllen ſie das Grab mit
Erde, und richten auf demſelben mit Steinen und
Erdſchollen eine Art von Pyramide auf.

XII. Unter dieſen Völkern hat ſich das
Andenken der allgemeinen Sündfluth erhalten.
Wenn ungewöhnlich ſtarke Erdbeben ſich ereignen,
ſo laufen ſie auf gewiſſe Berge, die ſie Tenten
nennen, das iſt ſolche, die drey Spitzen haben,
mit hölzernen Tellern auf ihren Köpfen, und mit
Lebensmitteln für einige Tage. Denn ſie glauben,
ehedem ſey die ganze Erde mit den höchſten Bergen
von einer Waſſerfluth bedeckt worden, die Berge
Tenten ausgenommen, weil ſie die ſonderbare
Eigenſchaft haben, über dem Waſſer zu ſchwim-
men. Durch ein Erdbeben könne das Meer aufs
neue die Erde bedecken; und weil es geſchehen
könne, daß ſich das Waſſer bis an die Sonne
aufthürme, ſo tragen ſie Teller auf den Köpfen,
um ſie nicht zu verbrennen, wenn ſie etwa damit

an

an die Sonne stoßen sollten. Wenn man ihnen
sagt, daß irdene Teller hierzu besser seyn würden,
so antworten sie, ihre Vorfahren haben die hölzernen für besser gehalten.

XIII. Die Regierung der Arauker ist aristo-
kratisch, mit einiger Vermischung von Demokratie.
Ihr ganzes Land wird der Länge nach in vier gleich
große und parallel laufende Theile zergliedert,
welche in der Landessprache Utammapu genannt
werden, und von der Lage ihre besonderen Benen-
nungen erhalten. Der erste heißt Lavquen=
mapu (Seeland), der zweyte Lelbun = mapu (ebenes Land), der dritte Piren = mapu (Schneeland),
der vierte, welcher der östlichere ist, Peguen=mapu
(Fichtenland). Ein jeder dieser vier großen Theile
wird in Provinzen, und jede Provinz in mehrere
Distrikte eingetheilt. Ein Utammapu wird von
einem Toqui (obersten Befehlshaber), jede Provinz
von einem dem Toqui untergeordneten Ulmen
(Fürst), und jeder Distrikt von einem andern Ulmen,
der jenem untergeben ist, regiert. Diese Aemter sind
erblich, und können nur von den Erstgebohrnen, die
Weiber ausgeschlossen, verwaltet werden. Wenn der
männliche regierende Stamm ausstirbt, so erwählen
die Unterthanen ein anderes Geschlecht, und der
von ihnen Erwählte kann sein Amt nicht verwalten,
ohne von seinem Toqui bestätiget zu seyn, welcher
diese Nachricht den übrigen Utammapu, und sogar
auch den Spaniern mittheilt, damit er allgemein
dafür

dafür erkannt werde. Das Zeichen der höchsten
Gewalt des Toqui ist ein schwarz marmornes Beil,
und jenes eines Ulmen ein Stock mit einem silbernen Knopf.

XIV. In Angelegenheiten, die den ganzen
Staat betreffen, versammelt sich die ganze Nation,
wo es auch einem jeden Unterthan erlaubt ist, seine
Meinung vorzutragen. Eine solche Versammlung
heißt Aucacojau, Rath der Araukaner, oder
Butha-cojau, großer Rath.

XV. Der ganze Inbegrif ihrer Gesetze,
welche ihnen durch mündliche Ueberlieferung bekannt sind, wird Almapu genannt. Einige der
Gesetze sind sehr grausam. Die Verbrechen, welche
unter ihnen gestraft werden, sind Verrätherey,
Mordthaten, Ehebruch, Diebstahl, Zauberey.
Verrätherey wird nach Willkühr des Toqui mit
dem Tode bestraft. Der Mord wird selten
mit dieser Strafe belegt, wenn die Anverwandten
mit der Summe Geldes, die ihnen der Todtschlä-
ger anbietet, zufrieden sind. Der Vatermord,
und wenn jemand sein Weib tödtet, wird nicht
bestraft; denn sie sagen, der Vater der seinen Sohn,
oder der Sohn, der seinen Vater umbringt, habe
sein eigen Blut vergossen, und wer sein Weib
tödtet, habe sich des Rechts bedient, welches
er über sein Eigenthum mit Geld erkauft hat.
Aber der Ehebruch wird gemeiniglich mit dem
Tode

Tode gebüßt, gleichwie auch der Diebstahl, wo=
fern der Dieb keine große Verwandschaft hat, die
ihn vertheidige. Denn wenn zwey Theile ein=
ander beleidigen, und gleich stark sind, so führen
sie Kriege wider einander, die sie Maloche nennen,
ohne daß die Ulmenes sich darunter mischen.
Solche einheimische Kriege dauren oft viele Jahre,
und vererben sich von Vater auf Sohn. Die
Strafen werden ohne alle gerichtliche Formalität
und ohne Aufschub vollstreckt. Wenn das Urtheil
gesprochen ist, wird der Verbrecher entweder mit
einem Dolch erstochen, oder mit einem Strick um
den Hals an einem Pferdeschweif zu Tode geschleppt.

XVI. Aber mit den Zauberern werden sie
nicht so geschwind fertig. Die Zauberey ist bey
ihnen das gehäßigste unter allen Lastern, ob sie
gleich ihren Maihi, welche sich verpflichtet haben,
dieselbe nur zum Besten der Nation und zur Ent=
deckung der bösen Zauberer zu gebrauchen, erlaubt
ist. Hieraus entstehet viel Unheil; denn wenn
sie jemand hassen, so beschuldigen sie ihn, einen
Ulmen oder Andere, die ohne sichtbare Ursach des
Todes gestorben sind, bezaubert zu haben. Der
Beschuldigte wird sogleich über ein langsames
Feuer gehängt, bis er, sich von der Quaal zu be=
freyen, das Verbrechen und andere Mitschuldige,
sie mögen es seyn oder nicht, bekennt. Darauf
wird er von den Umstehenden mit einem Dolch
erstochen, und die Mitschuldigen, wenn sie nicht
entfliehen,

entfließen, werden auf die nemliche Art hinge-
richtet.

XVII. Die Geſetze erlauben die Vielweiberey. Daher nehmen ſie ſo viel Weiber, als ſie
kaufen können. Wer ein Mädgen heyrathen will,
eröfnet entweder dem Vater ſein Verlangen, oder
unterläßt es, und verbirgt ſich mit einigen ſeiner
Freunde auf dem Wege, den das Mädgen zu gehen gewohnt iſt, ſetzt ſie gebunden hinter ſich auf
ſein Pferd, und führt ſie nach Haus. Alsdenn
kömmt der Vater mit den Anverwandten der
Braut, und erhalten Geſchenke, welche ſich meiſtens auf 50 Speciesthaler belaufen. Hierdurch
erlangt die Ehe ihre Gültigkeit. Das erſte Weib
wird den andern vorgezogen, und von dieſen als
die wahre Hausfrau verehrt.

XVIII. Die militäriſche Regierung unter
den Araukern macht ihrer Vernunft Ehre. Die
vier Toqui haben die Gewalt, den Feinden den
Krieg anzukündigen, welches Recht ſich auch oft
die Ulmenes angemaßt haben. Wenn ein Toqui
Vorhabens iſt, den Krieg zu erklären, ſo ſchickt er
zu den übrigen Toqui und Ulmenes ſeine Bothen
zu Pferde (Guerquenes) mit Briefen, (Quippu)
die in verſchiedenen rothen Bindfaden mit Knoten
beſtehen. Die Farbe zeigt an, worauf es ankommt, und die Knoten bedeuten die Zeit und
den Ort der Zuſammenkunſt. Sie rechnen ihre
Zeit nicht nach Wochen und Monaten, ſondern nach
dem

dem Lauf des Mondes, und verfehlen nie den durch die Knoten angezeigten Tag. Fügt es sich, daß die Feindseligkeiten vor der Ankündigung ihren Anfang genommen haben, so schickt der Toqui neben den Faden einen Finger eines der getödteten Feinde. Alles dieses geschiehet mit einer wunderbaren Verschwiegenheit.

XIX. An dem angezeigten Tage und Orte kommen die vier Toqui und alle Ulmenes mit ihren Unterthanen zusammen, untersuchen und tragen der ganzen Versammlung die Ursachen des Krieges vor, und wenn sie gebilliget worden sind, so erwählen sie einen obersten Befehlshaber des Krieges, welcher meistens einer der vier Toqui ist. Ist aber keiner unter ihnen geschickt, das Kommando zu führen, so wählen sie einen der Ulmenes, oder wohl gar einen gemeinen Soldaten, der sich durch die dazu erforderlichen Eigenschaften besonders auszeichnet; wie es 1723 im Kriege wider die Spanier geschah, da sie den tapfern und klugen Vilumilla, der seiner Nation Ehre machte, dazu wählten. So bald dieser Toqui das marmorne Beil empfangen hat, müssen die übrigen vier Toqui dieses Ehrenzeichen niederlegen, und mit den Ulmenes ihm den Gehorsam schwören, bis der Krieg ein Ende hat.

XX. Dieser Dictator bestimmt die Zahl der Truppen (Cone) welche die Toqui stellen müssen, und diese fordern dieselben von ihren untergeord-

neten

neten Ulmenes der Größe des Landes gemäß, dem
sie vorstehen. Auf diese Weise wird die Anzahl
Völker, die der General verlangt, in kurzer Zeit
zusammengebracht, worunter auch die Toqui und
Ulmenes selbst dienen müssen. Der General
wählt seinen Leutenant und alle die übrigen Officiere, und setzt einen oder zwey Tage fest, worin
es einem jeden der Fürsten und dem gemeinen
Mann erlaubt ist, seine Rathschläge, wie der Krieg
am besten geführt werden könne, vorzutragen,
nach dieser Zeit nimt er von niemand mehr Rathschläge an, und handelt nach eigenem Gutdün-
ken. Jeder Soldat bringt seine Lebensmittel,
welche meistens in einem Säckchen Mehl von ge-
röstetem Weitzen oder türkisch Korn oder Pimper-
nüsse bestehet, und seine Waffen von Hause
mit sich.

XXI. Das Kriegsheer bestehet aus Fußvolk
und Reuterey. Die Reuter sind mit großen Lanzen und breiten Degen, und die Fußgänger theils
mit Piken, und theils mit schweren hölzernen
Kolben, die mit eisernen Nägeln beschlagen sind,
und zwar so, daß zwischen zwey Piken eine Streit-
kolbe geht, bewafnet. Im Anfang der spanischen
Eroberungen bediente sich die Infanterie des Bo-
gens und der Pfeile; aber heut zu Tage sind diese
Waffen ganz außer Gebrauch, denn dem Feind
den Gebrauch des Schießgewehrs zu verhindern,
gehen sie ihm sobald möglich mit dem kurzen
Gewehr

Gewehr zu Leibe. Diesem kriegerischen Volk ist
die Kunst Schießpulver zu machen noch immer ein
Geheimniß, obgleich das Land alle Materialien
hervorbringt, die dazu nöthig sind. Dem ungeachtet wissen sie sich des großen und kleinen Schießgewehrs mit vieler Geschicklichkeit zu bedienen,
wenn sie solches im Treffen mit den Spaniern
erobern. Sie kennen auch keine Maschinen zum
Angrif der festen Plätze, und wenn sie sich spanischer Festungen bemeistert haben, so ist dieses
entweder durch Sturm, oder durch Kriegslist,
worin sie Meister sind, oder durch langwierige
Belagerung, wodurch die Oerter ausgehungert
worden sind, geschehen. Im Treffen bedeckt die
Reuterey die Flügel des Kriegsheers, und das
Fußvolk streitet in der Mitte, in Linien und Com-
panien, deren jede ihren Hauptmann, Leutenant,
Fähnrich mit seiner Fahne, und Korporale hat,
getheilt. Gemeiniglich kommandirt der Toqui
den rechten Flügel, und der Leutenant-Toqui
den linken.

XXII. Ihre musikalischen Instrumente im
Kriege sind Trommeln, Zinken, Pfeifen, und eine
Art von halben Flöten. Die Soldaten unterscheiden sich von andern durch die Kleidung nicht,
außer daß sie einen Küraß, und einen Helm von
Kuhleder mit schönen Federbüschen tragen. Wenn
sie sich nicht weit vom Feinde lagern, so befestigen
sie ihr Lager mit Palisaden und Graben, und stellen

(J) 2   überall

überall Wache aus. Des Nachts zündet ein jeder
Soldat im Lager sein eigenes Feuer an, dergestalt,
daß fünf tausend Mann auch fünf tausend Feuer
haben.

XXIII. Wenn es zum Treffen kommen soll,
und das Kriegsheer in Schlachtordnung gestellt
ist, hält der Toqui eine pathetische Rede, und er-
innert die Soldaten an die Tapferkeit ihrer Väter,
welche ihre Feinde, ungeachtet ihrer Ueberlegenheit
an Waffen, so oft überwunden, und für ihre Freiheit den Tod nicht gefürchtet haben. Nach geen-
digter Rede greifen sie unter Trommeln und Pfeifen
den Feind mit einer solchen Wuth an, daß auch
die tapfersten Soldaten davor erschrecken. Das
Fürchterlichste ist das Fußvolk mit den Streit-
kolben, womit sie, wie Herkules, alles vor ihnen
her niederschlagen, und überall durchdringen.
Den Tod in einem Treffen halten sie für die
größte Ehre, die ihnen wiederfahren kann. Daher
suchen sie ihn, und indem sie dieses thun, schicken
sie viele ihrer Feinde vor sich her in die Ewigkeit.
Die Beute, die ein jeder macht, gehört ihm allein
zu; und die Gefangnen macht er zu seinen Leib-
eigenen. Der Toqui kann einen der Gefangenen
den Schatten seiner getödteten Soldaten zum
Opfer schlachten. Ihre Gesetze befehlen dieses
barbarische Opfer, und ihr angebohrner Haß wider die Spanier reizet sie dazu; dem ungeachtet
weiß man höchstens nur zwey Fälle, daß sie
gefangene

gefangene Spanier geopfert haben. Diese kriege-
rische Nation weiß so gut als andere Völker, was
Gnade ist, troß gewissen Geschichtschreibern, welche
sie im allgemeinen wie unerbittliche Wüteriche
gegen ihre Feinde schildern, insbesondere aber
solche Handlungen von ihnen erzählen, die den
schlechten allgemeinen Begrif von ihnen gänzlich
umstoßen.

XXIV. Das Opfer geschiehet auf folgende
Weise. Eine Kompanie Soldaten führt unter
Trommeln und Pfeifen den zum Opfer bestimmten Gefangenen auf einem Pferde, dem Ohren
und Schweif abgeschnitten sind, (welches unter
ihnen der größte Schimpf ist, den man einen an-
thun kann) auf eine Ebene, wo das ganze Kriegsheer im Gewehr stehet, und einen Kreis schließt.
In der Mitte bilden die Ulmenes und andere Officiere einen kleinern Kreis, in dessen Mitte das
Beil des obersten Toqui liegt. Bey dieses Beil
muß sich der unglückliche Gefangene auf die Erde
setzen, die Hände auf den Rücken gebunden, und
das Gesicht gegen sein Land gekehrt. Darauf
binden sie ihm die Hände los, und überreichen
ihm ein Bündel kleiner Spitzen von Reisern, und
ein spitziges Holz. Mit diesem muß er ein Loch in
die Erde graben, und wenn dieses geschehen ist,
so viele Reiser hineinwerfen, als er tapfere Soldaten von dem General bis auf den gemeinen Mann
unter seinem Kriegsheer kennt, dergestalt, daß er

bey

bey jedem Reis, wenn er es in die Grube wirft,
einen derselben bey Namen nennt, welcher von
den Umstehenden gräßlich verflucht wird. Hierauf
muß er die Reiser mit Erde bedecken, wobey sie
denken, den Ruhm ihrer Feinde zu begraben.
Endlich giebt ihm der Toqui, oder einer der Ulmenes, der sich im Kriege am rühmlichsten betragen
hat, einen tödtlichen Schlag mit der Kolbe auf
den Kopf, schneidet ihm sogleich das Herz aus der
Brust, sauget das Blut davon, und reicht es den
übrigen Officiren, das nämliche zu thun. Indeß
schneiden ihm die Soldaten Kopf, Beine und Arme
ab, aus deren Knochen sie militärische Flöten
machen, und stecken den Kopf auf eine Lanze; die
übrigen aber machen seltsame Kriegestänze, worin
sie mit den Füßen hart auf die Erde stampfen, um
die aufgerichtete Lanze, und singen schimpfliche
Lieder über ihre Feinde, welche mit dem Ton der
Flöten, die aus geopferten Menschenknochen gemacht sind, begleitet werden. Zuletzt fangen sie
an, Wein und Aepfelmost zu trinken, und ergötzen
sich dabey damit, daß sie dem Rumpf des Getödteten, wenn er ein Spanier ist, einen weißen,
und wenn er ein Indianer ist, einen schwarzen
Widderkopf aufsetzen, welches sie für die größte
Beschimpfung halten. Der Toqui beräuchert
indessen die vier Weltgegenden mit Tobacksrauch,
und murmelt tausend Flüche wider die Feinde.

XXV

XXV. Wenn Friede geschlossen wird, oder
ein neuer Spanischer Präsident nach Chile kommt,
wird zwischen den Spaniern und Araukern eine
Versammlung gehalten, welche von diesen Huinca=
cojau (Versammlung der Weißen), und von
jenen Parlament genannt wird. Dieses geschie=
het meistens im Monat November, und auf der
Ebene der an die Arauker grenzenden spanischen
Provinz Huilquilemu zwischen den Flüssen Biobio
und Laxa, und den spanischen Festungen Nasci=
mento, Purem, Angeli, Tucapen und Jumbel.
Die Arauker fordern jederzeit, daß dieser Kongreß
auf ihrem Grund und Boden geschehe; aber
außer dem königlichen Präsidenten Thomas Ma=
rin de Poveda hat noch kein anderer in ihre
Forderung eingewilliget, weil sie einigen unver=
mutheten Ueberfall befürchten. Einige Monate
vor dem Kongreß wird ein Spanischer Bothschaf=
ter, den sie den Kommissär der Nationen nennen,
in die vier Utammapu gesandt, die Toqui und vor=
nehmsten Ulmenes im Namen des neuen Präsi=
denten zum Kongreß einzuladen, und ihnen zu
versprechen, daß in demselben von den Mitteln,
einen ewigen Frieden mit ihnen zu halten, und
die beiderseitigen Beschwerden abzuthun, gehan=
delt werden soll. Die Spanier dürfen bey der
Gelegenheit eines neuen Präsidenten den Kongreß
nicht unterlassen; die Arauker, welche keine Ver=
achtung erdulden können, würden unfehlbar wieder

zu

den Waffen zu greifen. Darum ist auch dem Präsidenten aus dem königlichen Schatze ein gewisses
Einkommen angewiesen, die Unkosten des Kongresses zu bestreiten, und den Toqui und Ulmenes
Geschenke zu machen.

XXVI. Kurz vor dem Kongreß hält der königliche Präsident in der Stadt Concepcion eine
Versammlung, welcher der Bischof, die Kriegs-
officiere und Missionären beywohnen, um sich über
die Dinge, die des Friedens halber, und die Arauker zur christlichen Religion zu bekehren, im
Kongreß vorzutragen sind, zu berathschlagen.
Indessen werden die benachbarten Festungen und
alle Uebergänge des Flusses Biobio stark besetzt,
zu verhindern, daß die Arauker nicht in größerer
Anzahl, oder mehr bewafnet, als es bedungen ist,
ins Land treten. Darauf reiset der königliche
Präsident, von allen Reichsofficieren, Missionären,
und von vielen Kompanien zu Fuß und zu
Pferde begleitet, an den bestimmten Ort des
Kongresses; und ein Gleiches thun die vier Toqui
und die Ulmenes unter einer zahlreichen Bedek-
kung. Im Jahr 1723 erschienen 130 Ulmenes,
und ihre ganze Begleitung bestand in 2044
Köpfen. Es finden sich auch eine Menge Kaufleute aus allen Gegenden von Chile daselbst ein,
und verkaufen mit reichem Gewinn ihre Waaren;
und so lange der Kongreß dauert, stehen die Spanischen

nischen und Araukanischen Truppen zwey Meilen weit von einander.

XXVII. Das Parlament fängt mit vielen Zeichen der Freundschaft von beiden Seiten an. Alle Stäbe der Toqui und der Ulmenes werden zum Zeichen der Eintracht mit jenem des Präsidenten in einen Bündel gebunden, und in die Mitte der Versammlung niedergelegt. Darauf tritt ein Ulmen, der den Zweig eines Zimmerbaums in der Hand trägt, hervor, grüßt mit einer Verbeugung die ganze Versammlung, und nachdem er die andere Hand auf das Bündel der Stäbe gelegt hat, hält er eine lange Rede in Chilischer Sprache über die Folgen des Friedens und des Krieges, und ermahnet beide Theile zum Frieden. Ein Spanischer geschworner Dollmetscher wiederholt die Rede in Spanischer Sprache von Punkt zu Punkt; und es ist sonderbar, daß eine solche Rede alle die Theile und Figuren enthält, welche die Redekunst vorschreibt. Auch ist diese die einzige Wissenschaft, die sie kennen, und worin sie sich von Jugend auf in ihre öftern Versammlungen üben. Weil ein guter Redner unter ihnen eben so hoch geschätzt wird, als er es je unter den Römern war, so läßt sichs ein jeder sehr angelegen seyn, ihre Sprache rein und zierlich zu sprechen. Sie bedienen sich wie die asiatischen Völker oft der Parabolen und Gleichnisse. Oft apostrophiren sie die umstehenden besonders Spanischen

Offi-

Officiere, oder ihre Toqui oder Ulmenes, mit einer
so großen Verschiedenheit von schönen Redens-
arten und Figuren, daß man darüber erstaunen
muß. Wenn der Ulmen seine Rede vollendet
hat, so beginnt der Spanische Präsident zu sprechen. Endlich kommt man auf die Friedensarti-
kel, welche von den vier Toqui und den Bevoll-
mächtigten der vier Utammapu einstimmig bestätiget werden müssen, wenn sie Kraft haben sollen.
Wenn alles zur Richtigkeit gebracht ist, so speiset
der Präsident mit den Toqui und mit den vornehmsten Ulmenes an einer Tafel, und theilt unter sie die Geschenke aus, welche aus der königs-
lichen Schatzkammer bezahlt werden. Darauf
schlachten die Arauker die Chilihueques, oder die
dazu bestimmten Schaafe zum Zeichen des Friedens, und kehren in ihr Land zurück.

XXVIII. Dieses Volk hat keine Festungen,
keine Städte noch Flecken. Es wohnt zerstreuet
auf dem Lande in hölzernen mit Stroh bedeckten
Häusern, die ohne Kammern und ohne Fenster
sind, und nur eine Thüre haben, die sie des Nachts
mit einer Kuhhaut zuschließen. Diese Hütten
sind zugleich ihre Küchen. So viele Weiber ein
Mann hat, so viele einzelne Feuer werden darin
angezündet, und so viele verschiedene Speisen werden
für ihn zubereitet. Man siehet in diesen Häusern
kein Bett; weil sie alle auf Schaaffellen schlafen,
welche weggenommen werden, wenn sie darauf

geschlafen

geschlafen haben. Das Hausgeräthe bestehet in
einigen kleinen Bänken, und in einen grob gear-
beiteten Tisch, worauf sie ohne Tischtuch und ohne
Servietten essen. Anstatt des Löffels bedienen sie
sich einer Muschel, und ihre Teller sind entweder
von Holz oder von Erde, und die Becher von Kuh-
Horn. Die Ulmenes sind mit silbernem Tafel-
geschirr versehen; sie bedienen sich aber derselben
nur, fremde Gäste zu bewirthen, welchen sie alle
Arten von Höflichkeit beweisen, wenn sie auch
gleich Spanier wären.

XXIX. Wie die Tafel ist, so sind auch ihre
Speisen. Diese bestehen meistens in gekochten
Hülsenfrüchten, die mit nichts anders als mit
etwas Salz zubereitet sind, und anstatt des Brodts
essen sie Erdäpfel. Selten essen sie Fische oder
Austern, obgleich ihre Flüsse und das Meer einen
überaus großen Ueberfluß daran haben; und so
reich auch ihr Land an Vögeln und Wildpret, und
so gar auch an zahmen Vieh ist, welches sie von
den Spaniern erhalten haben; so essen sie doch nur
selten Fleisch, und alsdenn ist es entweder gebraten,
oder nur mit etwas Salz gesotten, und mit langen
Pfeffer, den sie gerne essen, bereitet. Das Korn,
welches sie einerdten, essen sie geröstet und
gemahlen.

XXX. Jedoch gehen sie wenigstens einmal
im Jahr von dieser mäßigen Lebensart ab, und
zwar aus angebohrener Begierde, groß zu thun,
und

und meistens zur Zeit der Erndte. Sie laden
wohl drey hundert ihrer Freunde ein, und bewir=
then sie vierzehn Tage lang. Diesen setzen sie
Flügelwerk und Rindfleisch, mit Wein, den sie von
den Spaniern erhalten, und mit Most, den sie von
Aepfeln und andere Früchte machen, in großem
Ueberfluß vor. Diese Gastmäler nennen sie
Mingacu, und Caguin. Männer und Weiber
sind alsdenn fast beständig berauscht, welches vielen
Säuglingen, die in dieser Zeit verwahrloset werden,
das Leben kostet, und in diesem Jahrhundert eine
augenscheinliche Verminderung ihrer Nation ver=
ursachet hat. Bey diesen Gastmälern werden oft
wichtige Staatsangelegenheiten geschlichtet. Frem=
de Gäste werden von ihnen unentgeldlich bewirthet,
und können sich so lange bey ihnen aufhalten, als
sie wollen. Sie haben einen abgesonderten Platz
für sie in ihren Wohnungen.

XXXI. Ihre Kleidertracht ist sehr einfach,
und ganz von Wolle, weil sie den Gebrauch des
Hanfs und Flachses noch nicht kennen. Ihre
Lieblingsfarbe ist dunkelblau. Die Mannsleute
tragen gemeiniglich ein Hemd, mit einem Leibstück
darüber, welches sie Choni nennen, enge Bein=
kleider, und eine Art Mantel, den sie Poncho
nennen. Er ist ein länglich=viereck, und einem
Levitenrock oder einer Dalmatik der Katoliken ähn=
lich, die in der Mitte, wodurch der Kopf gehet, ein
Loch hat, und in der Länge bis unter die Waden,

in

in der Breite aber bis an die Hände reicht. Sie
tragen sie entweder ganz blau, oder gestreift, so
daß der Grund von einer Farbe, und die Streifen
von verschiedenen Farben, welche oft Blumen oder
andere Figuren vorstellen, eingewürkt sind. Der
Saum ist ringsum mit Franzen umgeben. Diese
Mäntel sind ein wichtiger Gegenstand des Handels,
weil sie auch den spanischen Bauern nicht nur in
Chile sondern auch in Peru und Paraguai gemein
geworden sind. Anstatt des Huts tragen sie rothe
Binden um den Kopf, die mit gläsernen Kügelchen
geziert sind, und an den Füßen haben sie weder
Schuh noch Strümpfe. Nur wenige bedecken
ihre Füße mit Stifeletten von buntem wollenen
Zeug. Die Ulmenes gehen gemeiniglich wie der
gemeine Mann gekleidet, nur daß die Kleider von
besserm Stoff sind. Manchesmal geschiehet es,
daß sie ein von den Spaniern erkauftes französi-
sches Kleid tragen, besonders von scharlachrother
Farbe. Sie tragen Hüthe mit großen Federbüschen, und schwere silberne Sporn. Ihre Steigbügel sind von Messing, und ihre Stäbe mit
silbernen Knöpfen geziert. Uebrigens gehen sie
nach dem Gebrauch ihres Landes jederzeit barfuß.

XXXII. Die Kleidung der Weiber ist nicht
weniger einfach, als jene des männlichen Geschlechts,
und zugleich sehr ehrbar. Anstatt des Hembes
tragen sie ein langes wollenes Unterkleid ohne
Ermel, welches bis auf die Füße herab gehet, und
mit

mit einer sehr breiten Binde um den Leib gebunden
wird. Ueber diesem Kleide tragen sie ein wollenes
Mäntelchen nach Art der Pilgrimme in Europa, und
befestigen es vorn vermittelst silberner Plättchen,
die sie Tuppel nennen. Die Araukanischen
Weiber sind wie überall Liebhaberinnen des Putzes
und der Pracht. Sie lassen ihr Haar sehr lang
wachsen, und flechten es in sechs Zöpfe, die ihnen
den Rücken hinab hangen. Das Haupt schmücken
sie ringsum mit Smaragd-ähnlichen Steinen,
welches sie Liancos nennen, und man weiß nicht
wo, finden. Auch tragen sie Ohrengehänge, die
in viereckigten silbernen Plättgen bestehen, und
wohl sechsmal verdoppelt werden, Arm- und Hals-
Bänder von vielfärbigen gläsernen Kügelchen, und
Ringe an allen Fingern. Sie sprechen die Arau-
kanische Mundart mit wunderbarer Anmuth,
besonders jene, welche zwischen den Flüssen Cauten
und Valdivia und in der Provinz Boroa gebohe-
ren sind. Diese sind weiß oder blond, und sehr
schön gebildet.

XXXIII. Die Arauker glauben, das männliche Geschlecht sey nur zum Kriege gebohren.
Daher kommt es, daß die Männer alle Arbeit
verabscheuen, die sich nicht auf den Krieg beziehet,
und alle die Geschäfte, die unter andere Nationen
den Männern gebühren, den Weibern überlassen.
Die Weiber bearbeiten das Feld, und erndten ein,
weiden groß und klein Vieh, tragen das Holz

zum

zum Brennen herben, kochen und nähen für ihre
Männer. Wenn diese des Morgens ihr Frühstück
genommen haben, so setzen sie sich zu Pferde,
reiten auf das Feld, und üben sich selbst und das
Roß in den Waffen. Der Gebrauch sich zu baden
ist unter ihnen sehr gemein. Im Winter baden
sie sich des Tags nur einmal; aber im Sommer
halten sie sich viele Stunden in den Flüssen auf,
und üben sich auf alle Weise im Schwimmen.
Die Weiber baden sich zwar auch täglich, aber
nie unter Mannsleuten. Wenn sie ein Kind zur
Welt gebracht haben, tauchen sie sich sogleich mit
demselben sowohl im Winter als im Sommer unter
Wasser, damit der Leib des Kindes zu kriegerischen
Strapazen gehärtet werde.

XXXIV. Die Zeit, welche sie nicht auf kriege-
rische Uebungen verwenden, und durch Trunkenheit verlieren, bringen sie mit Spielen hin, welche
meistens etwas kriegerisches haben. Von unendlich vielen will ich nur zwey erwähnen, eins auf
dem Felde, und ein anderes zu Hause. Auf dem
Felde wählen sie eine Ebene von ungefehr einer
welschen Meile, auf deren zwey äußersten Enden
Baumzweige zum Zeichen gesteckt werden. Die
Spieler, deren 30 sind, theilen sich in zwey gleiche
Theile, und bewaffnen sich mit Stäben, die am
Ende krumm gebogen sind. Im Mittelpunkt des
Spiels ist eine Grube mit einer hölzernen Kugel.
Hier fängt das Spiel an. Auf beiden Seiten
der

der Grube stellen sich die Spieler in Ordnung, und die zween, welche der Grube am nächsten stehen, heben die Kugel mit ihren Stäben heraus. Darauf bestreben sie sich von beiden Seiten, die Kugel auf das einer jeden Parthey angewiesene Ende zu treiben, und welche zuerst dieses Ziel erreicht, die trägt den Sieg davon. Es entstehet jedesmal ein sehr lebhafter Streit, und es gehen viele Stunden hin, ehe er entschieden wird. Dieses Spiel, welches Chueca heißt, hat seine Gesetze, auf deren Beobachtung die dabey angenommenen Schiedsrichter genau acht geben; und doch gehet es nie ohne Unglück ab. Die spanischen Bauern in Chile haben dieses Spiel unter sich eingeführt, und sind so sehr darauf erpicht, daß es zwo Partheyen unter ihnen giebt, die sich von Vater auf Sohn vererben. Das andere Spiel, welches zu Hause geschiehet, heißt Cututumpeucu. Sechszehn oder zwanzig Personen fassen sich bey den Händen, und bilden einen Kreis, in dessen Mittte ein Knabe gestellt wird. Diesen suchen andere entweder mit Arglist oder mit Gewalt aus dem Kreis zu rauben; und wem es gelingt, der hat das Spiel gewonnen.

XXXV. Neben diesen kriegerischen Belustigungen finden sie auch Vergnügen an Gesängen und Tänzen. Es fehlt auch ihrer Musik nicht ganz an Harmonie. Ihre Gesänge sind rührend, und drücken Leiden und Freuden schicklich aus.

Die

Die musikalischen Instrumente sind von den kriegerischen nicht unterschieden, und sie bedienen sich
ihrer nicht, traurige Gesänge damit zu begleiten;
weil sie der Meinung sind, das menschliche Gemüth
werde von dem frohen Klang der Instrumente zu
sehr eingenommen, als daß es der Traurigkeit
fähig sey, die sie durch melancholische Gesänge
erwecken wollen. Meistens begleiten sie den Gesang mit Tänzen, die gemeiniglich schön sind.
Der Tänzer sind ungefehr zehn oder zwölf; und
diese tanzen nicht immer zugleich, sondern wechseln in einer gewissen Harmonie ab, daß ihrer
bald sechs, und bald vier tanzen. Aber gemeiniglich tanzen ihrer viele in einem Kreise um eine
Kriegsfahne, und vergessen darunter des Aepfel-
mosts oder Weins nicht, wovon einige Flaschen
bey der Fahne stehen. Die Weiber tanzen unter
sich allein; und wenn sie sich berauscht haben, so
geschiehet es oft, daß sie sich um den Kreis der
Männer, denen sie sich jedoch nicht sehr nähern,
herumschwingen.

§ II.
Die Geschichte der Entdeckung und der
Kriege; Charakter und Sitten der Chi-
lischen Spanier; ihre Regierungsart und
Handel; Beschreibung der einzelnen
Provinzen und Städte.

I. Ungefehr hundert Jahr vor der Ankunft
der Spanier wurde Chile von den Peruanern

(K). unter

unter der Regierung ihres Inca Jupanqui ent=
deckt. Dieser schickte eine Armee von 50000
Mann unter der Anführung des Sinchiruca
dahin, und bemeisterte sich der nördlichen Pro=
vinzen. Da aber Sinchiruca in seinen Erobe=
rungen weiter fortschreiten wollte, wurde er von
den Promaucaern, einer Nation, welche in der
Nachbarschaft des Flusses Maule wohnte, gänz=
lich aufs Haupt geschlagen.

II. Im Jahr 1535 versuchte es Don Diego
Almagro, mit 500 Spaniern und 15000 Pe=
ruanern, begleitet von den Inca Paullu, Bruder
des Peruanischen Kaisers, das Land zu erobern;
es starben aber auf den Grenzen beym Uebergang
des Gebirges 150 Spanier mit 30 Pferden, und
10000 Peruaner vor Kälte; und da er sich er=
kühnte, mit dem kleinen Ueberrest die Promaucaer
anzugreifen, wurde er tapfer zurückgeschlagen,
und gezwungen, nach Peru zurückzukehren. Aber
fünf Jahr hernach wiederholte Pedro von Val=
divia mit 200 Spaniern und vielen Peruanern
den Versuch mit besserm Glück; denn es gelang
ihm, den Widerstand der Einwohner zu überwin=
den, und 1541 auf der schönen Ebene der Pro=
vinz Mapochò die Hauptstadt S. Jago zu stif=
ten. 1550 zog er, mit neuen Truppen aus
Peru verstärket, nicht nur ungehindert durch das
Land der Promaucaer, sondern gewann dieselben
auch, unter den Spanischen Fahnen als Hülfs=

truppen

truppen zu dienen, und legte unter dem 36°, 42′ am Meer den ersten Grund zu der Stadt Concepcion. Hier erfuhr er zum erstenmal die Tapferkeit der Arauker in einem Treffen mit dem Toqui Aillavilu, in welchem er sein Pferd verlor, und in große Lebensgefahr gerieth. Dem ungeachtet paßirte er den Fluß Biobio, wo der Arauker Land anfängt, und stiftete daselbst unter dem 37° unweit dem südlichen Ufer des besagten Flusses die Grenzstadt Angol, unter dem 38°, 45′ die Stadt Imperial, unter 39°, 21′ Villarica, und unter 39°, 58′ Valdivia. Diesen neuen Städten zum Schutz, und den Arauern Zügel anzulegen, bauete er noch in den drey stärksten Provinzen derselben die Festungen Arauco, Tucapel und Puren, und versah sie mit starken Besatzungen.

III. Die Arauker, denen die Eroberungen der Spanier vielen Kummer verursachten, erwählten den großen Caupolicano zu ihrem Toqui; welcher durch die Rathschläge des schlauen Colocolo, eines alten Rathgebers des Staats, vermittelst einer wohl ausgeführten Kriegslist, die Festung Arauco, und durch Belagerungen die übrigen zwey festen Plätze Puren und Tucapel einnahm. Valdivia zog ihm mit einer ansehnlichen Armee entgegen; wurde aber auf der Ebene bey Tucapel tapfer empfangen, und nach einem langen Gefecht nicht nur gänzlich geschlagen, sondern auch gefangen genommen, und wider den Willen des Cau-

policano

policano von einem der Ulmenes mit einer Kolbe
getödtet. Nach diesem Sieg machte Caupolicano
den jungen Lautharu, welcher des Valdivia Page,
und, da er ihn mitten im Treffen verließ, die
Hauptursache des Sieges seiner Nation war, zu
seinem General-Leutenant, zertheilte die Armee,
und belagerte die Städte Imperial und Valdivia
vergeblich. Aber Lautharu schlug mit seinem Heer
zum zweitenmal die Spanier auf dem Berge Andalicano, richtete die Stadt Concepcion zweymal
zu Grunde, und war im Begrif, die Hauptstadt
S. Jago selbst zu belagern. Er hatte auch schon
die Spanier, die sich ihm auf dem Wege wider-
setzten, dreymal geschlagen, als er auf einem Berge,
wo er sich befestiget hatte, unvermuthet im Schlaf
überfallen, und von einem der feindlichen Hülfstruppen mit einem Pfeil erschossen wurde. Selbst
die Spanier nannten ihn den Chilischen Han-
nibal.

IV. Um diese Zeit kam Don Garzia Hurtado
di Mendoza, Sohn des Vizekönigs in Peru, mit
einer guten Anzahl Truppen nach Concepcion,
und erschöpfte durch sieben Schlachten die Kräfte
des Caupolicano. Da dieser tapfere Araukaner
sah, daß ihn das Unglück verfolgte, zog er sich in
einen Wald, eine günstige Gelegenheit zu erwar-
ten; er wurde aber von den Spaniern, denen ein
Spion seinen Aufenthalt entdeckt hatte, gefangen
genommen, und nachdem er die Taufe empfangen
hatte,

hatte, auf Befehl des Hauptmanns Reinoſo ge=
ſpießt und mit Pfeilen todtgeſchoſſen. Die Arau=
fer erwählten ſogleich ſeinen Sohn zum Toqui,
welcher die Spanier zweymal beſiegte, und da er
die dritte Schlacht verlor, und in Gefahr war,
den Feinden in die Hände zu fallen, ſich ſelbſt
das Leben nahm.

V. Ihm folgte in der oberſten Befehlsha=
bung Autuguemu, welcher die Spanier auf dem
unglücklichen Berge Andalicano zweymal ſchlug,
ihren General Pedro Villagra tödtete, die Fe=
ſtungen Puren und Arauco ſchleifte, und während
der Belagerung der letztern den Spaniſchen Kom=
mendanten zu einem Zweykampf herausforderte,
und über zwo Stunden mit ihm kämpfte, bis ſie
mit gleicher Einwilligung ſich trennten. Indeſſen
belagerte ſein General=Leutenant Antunecul die
Stadt Concepcion vergebens, und er ſelbſt hatte
kurz darauf das Unglück, bey der Stadt Angol,
die er einnehmen wollte, in die Flucht geſchlagen
zu werden. Auf ihn folgten die Toqui Paina=
nancu, Cajamcura, Nanconiel, Cadeguala,
und Guanoalca, welche mit verſchiedenem Glücks=
wechſel den Krieg mit den Spaniern fortſetzten.

VI. Im Jahr 1597 wurde der tapfere Pail=
lamachu zum Toqui erwählt, welcher im folgen=
den Jahr den ſpaniſchen Präſidenten Don Mar=
tino Lojola mit 60 Officieren tödtete, und die
Städte Imperial, Valdivia, Villarica, Oſorno,

off(K) 3   Angol,

Angol, Santa Cruz de Coja, Cannete, Concepcion, Chillan und alle die festen Plätze, welche die Spanier zwischen den Flüssen Biobio und Valdivia, oder in dem ganzen Staat der Arauker besäßen, eroberte, und gänzlich zerstörte. Seine Nachfolger behaupteten die von ihm erlangten Vortheile. Lientur verheerte sogar 1625 und 1628 die Spanischen Besitzungen auf der nördlichen Seite des Flusses Biobio, schlug daselbst die Spanische Armee, und setzte die Feinde durch seine Thätigkeit in große Verlegenheit. Nach ihm behauptete von 1629 bis 1632 Putapichun in verschiedenen Schlachten, die er den Spaniern, theils unter ihren Generalen und theils unter dem Präsidenten Don Francisco Lasso, lieferte, den Ruhm seiner Nation.

VII. Endlich schloß 1640 der Marquis von Vaides den Frieden mit den Araukern und ihrem Toqui Antugueno II; aber dieser Friede dauerte nur 15 Jahr: denn 1655 kündigte der Toqui den Spaniern den Krieg an, richtete ihre Armee zweimal zu Grunde, schleifte die Festungen Colcura, S. Pietro, Arauco, S. Rosendo und Boroa, welche nach dem Frieden des Jahrs 1640 aufgerichtet worden waren, und disseits des Biobio die festen Plätze Stanzia del Rey, S. Cristoforo, Talcamavida und die Stadt Chillan. Die königlichen Präsidenten, die nach Antonio Acunna folgten, befriedigten zwar die Arauker

bis

bis 1723; aber in diesem Jahr erklärte der Toqui
Vilumilla den Spaniern aufs neue den Krieg,
und zwang sie, die Festungswerke zu Puren und
Arauco zu zerstöhren, und erneuerte den Frieden
mit dem Präsidenten Don Gabriel Cano.
Endlich zog 1766 der Toqui Curinancu aufs
neue wider die Spanier zu Felde, trieb sie über
den Fluß Biobio, auf dessen südlicher Seite sie
Städtgen bauen wollten, zurück, verband sich mit
den Pehuenches, und bekriegte sie bis ins Jahr
1769 oder 1770. Alles dieses beweiset, daß
Chile seit der ersten Ankunft der Spanier bis auf
unsere Tage ein Schauplatz des Kriegs gewesen
ist, und daß beide Nationen sich durch solche Tha-
ten der Tapferkeit ausgezeichnet haben, die viel
höher gepriesen seyn würden, wenn sie nicht am
äußersten Ende der Welt geschehen wären. Es
erhellet aber auch zugleich hieraus, daß den Spaniern dieses Stück Land mehr Geld und Blut ge-
kostet hat, als alle die übrigen Amerikanischen
Eroberungen.

VIII. Seit dem letzten Kriege mit den Araukern begnügen sich die Spanier mit dem, was
sie von Peru an bis an den Fluß Biobio besitzen,
suchen hier ihre Besitzungen immer mehr zu befestigen, und jenseits des Flusses auf dem südlichen
Ufer desselben nur einige Festungen, welche den
Streifereien der Arauker Einhalt thun können,
Stadt und Hafen Valdivia, und die Inseln des

Archi-

Archipelagus Chiloe zu erhalten. Das Land,
welches sie bewohnen, nimt von Tag zu Tag an
Bevölkerung zu, und der Einwohner sind so viele,
daß sie ohne Hülfsvölker aus Europa einem jeden
Feind, der sie von Seiten des Meers angreifen
wollte, widerstehen können. Diejenigen, welche
von Europäischem Geschlecht in Chile gebohren
sind, werden zum Unterschied von den gebohrnen
Spaniern, die sich daselbst niedergelassen haben,
Creolen genannt. Diese Chilische Spanier sind
an Farbe und Bildung den nördlichen Spaniern
in Europa fast ganz ähnlich. Sie sind freundlich,
gastfrey, edelmüthig, beherzt, und von munterm
Geist. Es finden sich wenige Geldgeitzige unter
ihnen, und ihre herrschende Neigung ist Pracht
und lustiges Leben; eine Wirkung des Ueberflus-
ses an allen Lebensbedürfnissen.

IX. Sie haben Kopf zu allen Wissenschaften
und Künsten. Die peripatetische Philosophie,
die scholastische und Moraltheologie, die kanoni-
schen und bürgerlichen Rechte, sind die Wissenschaften, welche noch vor kurzem unter ihnen
öffentlich gelehrt wurden, und wodurch sich ihre
Gelehrten auszeichneten. Auch hat es ihnen
nicht an Spanischen Dichtern gefehlt. Dieses
kann zwar, aus Mangel der Buchdruckereyen,
und wegen der überaus großen Unkosten, wenn
man etwas in Europa drucken lassen will, nicht
durch gedruckte Werke bewiesen werden; aber die
von

von ihnen hinterlassenen Manuscripte dienen zum
Beweis ihrer Fähigkeit. Den französischen
Büchern haben sie es zu verdanken, daß sie nun
anfangen, einen Geschmack an den neuern Wissenschaften, besonders an der Philosophie, zu finden, und daß diese Aufklärung sich schon hier und
da auf den Kanzeln der Prediger verspüren läßt.
Der gemeine Mann macht auch in den mechani-
schen Künsten einen beträchtlichen Fortgang,
welcher noch viel größer seyn würde, wenn mehrere geschickte Künstler aus Europa dahinkämen,
wie in diesen letzten Jahren gewisse deutsche Gold-
schmiede, Schlösser und Tischler dahingekommen
sind, welche sehr geschickte Schüler gebildet haben.

X. Nicht nur die Einwohner, welche von
Spaniern gebohren sind, sondern auch die Negern
und Indianer, die unter ihnen leben, sprechen
Spanisch, sowohl auf dem Lande als in den
Städten; und man findet unter den Bauern keine
so verderbte Sprache, wie sie anderswo zu seyn
pflegt. In den Städten kleidet sich das männliche Geschlecht auf französisch; aber der Chilischen
Damen Tracht findet, außer Peru, in dem übrigen Amerika und in Europa ihres Gleichen nicht.
Wodurch sie sich besonders auszeichnet, das sind
sehr weite runde Ermel, welche entweder ganz
aus Spitzen oder aus Kammertuch bestehen, und
mit einem schönen Bande auf den Schultern zu-
rückgebunden sind, unten aber hinabhängen und

(K) 5   zween

zween Flügeln gleichen. Die Arme, welche frey hervorgehen, sind bis über den Ellenbogen mit den Ermeln des Hembes bedeckt, das sich mit kurzen Manschetten zuschließt. Der Rock, welcher jederzeit aus einem kostbaren Stof bestehet, ist von dem Brustſtück abgeſondert, und am Saum ringsum mit Franzen beſetzt. Ueber dieſem Kleide tragen ſie einen mit goldenen Spitzen beſetzten Schleyer von Kammertuch von der Figur eines länglichten Vierecks, über welchem ſie im Winter noch einen andern von ſchön gefärbtem Boy ziehen.

XI. Der Damen größte Schönheit beſtehet in einem kleinen Fuße. Daher tragen ſie von der zarteſten Kindheit an ſehr enge Schuhe, welche von einem Stück Korduan-leder, ohne Abſätze und faſt ganz ohne Sohlen ſind, vollkommen die Figur des runden Fußes annehmen, und mit goldenen Schnallen, die oft mit Diamanten beſetzt ſind, an dem Fuß befeſtiget werden. Neben dem ſtecken ſie die Füße mit den Schuhen in eine Art Pantoffeln ohne Hinterleder und Sohlen, die vorne offen und oben aus einem halb zirkelförmig zugeſchnittenen Stück Sammt beſtehen, das mit Gold oder Silber ausgeſtickt iſt. Der Kopfputz der Damen hat auch viel ſonderbares. Ihr Haar, welches entweder ſchwarz oder blond iſt, laſſen ſie ſehr lang wachſen, und flechten es in ſechs Zöpfe, deren Spitzen an einen goldenen Hauptſchmuck, vermittelſt

telſt einer mit Brillanten beſetzten Spange befeſtiget ſind, damit die Zöpfe nur bis auf die Schultern
herabhangen.   Ueber der Stirne, und auf der
oberſten Spitze des Kopfs ſind ſie mit Büſchen
von Diamanten geſchmückt.   Den Ohrengehän-
gen, die aus Brillanten beſtehen, fügen ſie noch
ein mit den feinſten Perlen beſeztes Büſchel von
ſchwarzer Seide bey.   Auch ſind der Hals und
die Finger mit Juwelen geſchmückt.   Wenn ſie
in die Kirche gehen, tragen ſie einen ſeidenen Rock
mit einem ſechs oder ſieben Ellen langen Schlepp,
den ſie ſich von einer Magd nachtragen laſſen, und
ein nach der herrſchenden Mode gefärbtes Mäntelchen.   Gehen ſie aber aus, einen Beſuch
abzuſtatten, ſo iſt ihr Rock ohne Schleppe, und
wie oben geſagt worden iſt, unten mit Franzen
beſetzt.   Sie werden alsdenn von zwo oder mehrere Mulattinnen, die ihre Sklaven ſind, begleitet,
welche reich und eine wie die andere gekleidet ſind.
Das Frauenzimmer von niederer Klaſſe ſucht
zwar den Damen im Putz nachzuahmen; man
kann dieſe aber wegen des Reichthums an Juwelen
leicht unterſcheiden.

XII. Die Bauern tragen eine kurze Jacke
von rothem oder blauem Zeug, mit ſeidenen Bän-
dern eingefaßt, und Beinkleider von blauem Tuch,
die um das Knie, wo ſie aufgebunden werden, ſehr
weit ſind, und an den zwo äußernen Näthen mit
breiten goldenen oder ſilbernen Borden beſetzt ſind.

Ihr

Ihr Mantel, den sie Poncho (Ponscho) nennen, ist
schon anderswo beschrieben worden. Wenn sie
reiten, so tragen sie tuchne oder lederne Kamaschen,
die bis an den halben Leib herauf gehen, und sehr
große Sporn, und ihre Steigbügel sind so enge,
daß kaum der große Zähe hineingehet. Hinter
sich auf dem Pferde führen sie jederzeit ein langes
Seil mit sich, dessen sie sich, wie schon gesagt worden ist, bedienen, die flüchtigen Ochsen und die
wilden Pferde zu fangen. Sie sind von Kindheit
im Reiten geübt, und haben eine sonderbare Geschicklichkeit darin erlangt. Auch machen sie keinen
Weg einer welschen Meile, ohne zu reiten, und
man kann fast sagen, daß sie vergessen haben, ihre
Füße zu gebrauchen. Sobald sie aufstehen,
satteln sie ihr Pferd, und so bleibt es gesattelt, bis
sie schlafen gehen. Sie thun Wunderdinge zu
Pferde; wodurch sie aber ihre Geschicklichkeit am
meisten an den Tag legen, ist ihre Kunst, die
wilden Pferde, die sie in Wäldern gefangen haben,
zu bändigen. Sie setzen ihre ganze Ehre darein,
daß, so gefährliche Sprünge auch das Pferd thut,
sie doch nie aus dem Sattel gehoben werden können.
Es giebt sogar auch Weiber auf dem Lande, die
sichs zum größten Ruhm rechnen, den Männern
alles zu Pferde nachzuthun. Knaben von 9 Jahren
sitzen im Wettrennen, welches auf dem Lande sehr
gebräuchlich ist, auf den Pferden, und es ist etwas
sehr seltenes, daß sie herabfallen. Die Landleute
sind

sind in Chile von starker Bildung, beherzt, und sehr gut zu Soldaten, besonders die Mestizen, das ist, solche, die von einem spanischen Vater und einer indianischen Mutter gezeugt sind.

XIII. Die Städte und Flecken, welche die Spanier in Chile gebauet haben, bestehen aus geraden und rechtwinkelicht sich durchkreußenden Straßen, dermaßen, daß sie alle zum Theil nach Osten und Westen, und zum Theil nach Mittag und Norden gehen, und 36 Schuh breit sind. Die Häuser sind von Backsteinen, und mit Ziegeln gedeckt, wie in Europa; aber meistens nur ein Stockwerk hoch, wegen der öftern Erdbeben. Der vordere Theil auf den Straßen ist meistens zu Kramläden zugerichtet; und ehe man zu der Wohnung des Hausherrn kommt, muß man durch einen Vorhof gehen. Die Wohnung bestehet meistens in einem großen Saal, in einem Vorzimmer, in einem andern Zimmer, und in einer Kammer für die Mägde. Das Vorzimmer hat zwey große Fenster mit eisernen und vergoldeten Gittern, die auf den Hof gehen. Bey Tage wohnen die Weiber darin, und man empfängt daselbst die Besuche. Unter den Fenstern erhebt sich 6 bis 7 Zoll hoch ein Gerüst von Brettern, welches die Hälfte des Zimmers einnimt, mit Fußdecken belegt; worauf das Frauenzimmer entweder auf Küssen, oder Bänckchen, die mit Sammet überzogen sind, sitzt. Auf dasselbe darf keine

keine Mannsperson steigen, es sey denn daß sie
einen vertraulichen Umgang mit dem Frauenzimmer habe. Nach der Wohnung des Hausherrn folgt der Garten, welcher durch Kanäle, die
durch alle Häuser geleitet sind, bewässert werden.
Ringsum den Garten sind Küche, Ställe, Wagen-
schupfen, und was das Bedürfniß des Hauses
erfordert. Die Häuser der Reichen sind wie in
allen Ländern mit kostbaren Mobilien ausgeschmückt.
Ihre Kutschen werden von Maulthieren gezogen,
und Negern mit silbernen Halsbändern tragen
ihre Livreen.

XIV. In den Hauptkirchen findet sich ein
großer Reichthum an kostbarem Schmuck und
Gefäßen. In der Hauptstadt sind einige Kirchen
von schöner Architektur. Der Dom ist ganz aus
weißen Quaderstein, und 450 Schuh lang gebauet.
Die Dominikanerkirche ist zwar kleiner, bestehet
aber ganz aus dem nemlichen Stein. Die ehe-
malige Jesuiterkirche ist von guter Architektur, ob
sie gleich aus Backsteinen gebauet ist. Sie hat
einen sehr hohen Thurm von angestrichenem
Holz, mit 12 schönen Glocken, an dessen vier
Seiten der Zeiger einer schlagenden Uhr ist. Er
ist wegen der öftern Erdbeben von Holz. Weil
es überhaupt an guten Baumeistern fehlt, so sind
die übrigen Kirchen in Chile von gemeinem Bau.

XV. Die Chilischen Spanier handeln: 1)
mit den Europäischen Spaniern, denen sie Leinwand,

wand, wollene Tücher, seidene, goldene und silberne
Zeuge, Eisen, Glas ꝛc. abkaufen, und Gold, Silber,
Kupfer, Vicogne-Wolle, und Leder dagegen
vertauschen: 2) mit den Peruanern, welche mit
20 oder 21 Schiffen jährlich meistens dreymal
dahin kommen, und 224 tausend Fanegen *)
Getreide, 8000 Arroben Wein, **) 5000 Fässer
Schmeer, 1000 Centner dürres Fleisch, 48000
Centner Talch, 12000 Schuhsohlen, 50000
Korduan Häute, 1500 Centner Taue und Stricke,
30000 Centner Kupfer, 3000 Säcke Cocos,
17500 Pfund Mandeln, 4000 Säcke Nüsse,
eine große Menge Hülsenfrüchte, jeder Gattung
ungefehr 9500 Speciesthaler an Werth, viele
Kisten trockne Obstfrüchte, Lattwerge, Safran,
Alaun, Harz, Schwefel, Schinken, Talchlichter,
medicinische Kräuter, eine große Menge Indiani-
sche Mäntel (Ponchos), eine beträchtliche Menge
Holz, besonders aus den Inseln des Archipelagus
Chiloe, woher auch jährlich 100000 Bretter
Alerzeholz, und 600 andere zu Kutschen nach
Peru ausgeführt werden, und viele Pferde und
Maulthiere. Hingegen bringen die Peruaner
nach Chile gemünztes und verarbeitetes Silber,
Zucker, Honig, Reis, Baumwolle, allerley Gattun-
gen von Boy; 3) mit Buenos-Ayres und Paraguai in Ansehung der Provinz Cujo, wohin sie
jährlich

*) Eine Fanega wiegt 160 Pfund.
**) Eine Arrobe enthält ungefehr 132 kleine Maas.

jährlich 33000 Arroben Aquavit, 247000 Wein,
gedörrte Obstfrüchte ꝛc. schicken, und baares Geld,
das Kraut Paraguai und Wachs dagegen
erhalten.

XVI. Neben dem auswärtigen ist auch der
inländische Handel zwischen den Provinzen sehr
beträchtlich. *) Das feste Land versiehet die Inseln
des Archipelagus Chiloe mit Wein, Aquavit, Honig,
Zucker, Toback, Paraguaikraut, Salz, langen
Pfeffer; und erhält dagegen allerhand schönes
Holz, leinen Tischtücher, gestickte Mäntel (Ponchos)
Sardellen, Schinken, welche wegen ihres besonders
guten Geschmacks auch von den Peruanern sehr
gesucht werden. Aus den Häfen Concepcion und
Valparadiso wird Valdivia mit Mehl, gedörrtem
Fleisch, Wein, und andern nothwendigen Lebens-
mitteln, die ungefehr dem Werth von 36000
Speciesthaler betragen, versehen. Die Provinz
Maule treibt mit den Araukern und andern Wilden
einen Tauschhandel, und liefert ihnen Eisenwerk,
Gebisse, Werkzeuge zum Schneiden, Getreide
und Wein; und erhält dagegen ungefehr 40000
Indianische Mäntel (Ponchos), Hornvieh, Pferde,
Straußfedern, schön gearbeitete Körbe, und andere
der-

*) Hier rechnet sichs der Adel zur Ehre, Handel zu
treiben. Unter der Sammlung der Indianischen
Gesetze findet sich eins, worin der König erklärt,
daß der Handel weder dem Adel noch dem militärischen Avanzement nachtheilig seyn soll.

dergleichen Kleinigkeiten, nie aber Gold; obgleich das Land der Wilden einen Ueberfluß daran hat, welches sie weder ausgraben, noch den Spaniern bekannt machen. Obgleich der Tauschhandel mit ihnen verboten ist, so schleichen sich doch die Spanischen Bauern durch heimliche Wege in ihr Land, gehen von Hütte zu Hütte, und setzen auch auf Kredit ihre Waaren bey ihnen ab; denn sie halten ihr Wort heilig. Die Pehuenches kommen jedes Jahr aus ihren Gebirgen in verschiedenen Oertern der Provinz Maule einen Jahrmarkt, welcher über einen Monat dauert, zu halten, und sehr weißes Salz, Theer, Gips, Wollen, Pferde, Häute, und verschiedene Kleinigkeiten abzusetzen.

XVII. Man hat in Chile kein Kupfergeld. Alles Geld ist entweder von Gold oder Silber. Unter den silbernen Münzen ist der spanische Medio-real (ungefehr 2 Groschen) die geringste. Die übrigen sind der Real, Stücke zu 2 und zu 4 Reales, und Peso (ein halber Dukaten). Die goldenen Münzen sind Escudo (ein halber Dukaten), und Stücke die diesen Werth 2, 4 und achtmal enthalten; und der Dobloit, welcher 8 schwere Dukaten gilt. Maaß und Gewicht sind jenem zu Madrit fast ganz gleich.

XVIII. Chile ist in Ansehung der kirchlichen Regierung in zwey sehr weitläuftige Kirchsprengel

(L)

oder

oder Bisthümer getheilt, nemlich in jene zu S.
Jago und Concepcion, wo die Bischöfe, welche des
Erzbischofs zu Lima Suffraganten sind, residiren.
Der Kirchsprengel des Bischofs zu S. Jago,
welcher um zehn Jahr älter als jener ist, erstreckt
sich von den Peruanischen Grenzen bis zum Fluß
Maule unter dem 35 Grad der südlichen Breite,
und begreift noch die Provinz Cujo, welche disseits der Andes liegt. Das Bisthum von Concepcion, welches sonst zu Imperial seinen Sitz hatte,
fängt bey dem gesagten Fluß Maule an, und erstreckt sich nicht nur auf den Ueberrest des festen
Landes, sondern auch auf das Inselmeer Chiloe,
und die zwo Fernandes-Inseln. Die Einkünfte
der Bisthümer und Domkapitel bestehen im Zehnten. Daher kommt es, daß das Einkommen des
Bisthums S. Jago, welches sich auf 23000 Speciesthaler beläuft, viel reicher, als jenes zu Concepcion ist; weil unter diesem viele Wilde wohnen, die keinen Zehnten abtragen. Die Domkapitel beider Bisthümer wurden anfänglich für
eine hinreichende Anzahl Domherrn gestiftet;
dennoch sind ihrer wenige wegen der Ungewißheit
der Einkünfte. Die Kathedralkirche zu S. Jago
hat jetzt fünf Dignitäten und sechs Kanonikate,
deren vier vom Könige benannt, und die zwey
übrigen mit den zween besten Theologen, oder
Kanonisten, durch die Wahl des Kapitels besetzt
werden. Die Kirche zu Concepcion hat nur zwo
Digni-

Dignitäten, und eben so viele Kanonikate, von welchem eins vom Könige besetzt wird. Die Pfarreyen dieser Bisthümer sind so weitläuftig, daß viele derselben sich wohl über 30 italiänische Meilen erstrecken, welches theils dem Mangel an Priestern, und theils der geringen Anzahl Einwohner in einer so weiten Strecke zuzuschreiben ist. Die Mönche, die sich hier festgesetzt haben, sind die Franciscaner, Dominikaner, Augustiner, die Väter von der Erlösung der gefangenen Christen, und die barmherzigen Brüder. Die letztern machen noch keine vollkommene Provinz aus, und sind noch zur Zeit einem Commißsario, dem sie in Peru haben, untergeordnet. Die Jesuiten hatten hier eine Provinz. Das Inquisitionsgericht unterhält in Chile einen Commissar mit den dazu gehörigen Bedienten, welcher dem General-Inquisitor, der in Peru residirt, untergeordnet ist.

XIX. Der Kriegsstand bestehet hier in einem General-Kapitän, welcher zugleich königlicher Statthalter und Präsident ist, und in drey andern Stabs-Officiren, welche sind, ein Maitre de Camp, ein Sergant major, und ein Comissar. Der erste residirt in der Hauptstadt, der zweite zu Concepcion, der dritte in der Festung Jumbel, unweit dem Fluß Biobio, und der vierte in der Festung Arauco. Nach diesen kommen noch

noch)

noch vier Guverneure in den Häfen Valparadiso und Valdivia, in den Inseln Chiloe und
in den Fernandes-Inseln, welche in allen militär
und bürgerlichen Dingen vom General-Kapitän
abhängen. Der König unterhält in Chile ein
ansehnliches Kriegsheer; theils seine Besitzungen
wider die Arauker zu beschützen, theils auch die
Seeplätze und Inseln vor einem jeden Angrif zu
Wasser in Sicherheit zu stellen. Neben den be-
soldeten Truppen sind auch die Bauern der Provinzen in verschiedenen Kompagnien getheilt,
welche ihren Kommissaren, Hauptleuten und andern Officiren untergeordnet sind, und im Fall
der Noth Kriegsdienste thun.

XX. Die bürgerliche Regierung wird verwaltet, 1) von einem Präsidenten und Statthalter, welcher, wie gesagt worden ist, General-
Kapitän der königlichen Truppen ist; 2) von dem
höchsten Rath, welcher Audienzia reale betitelt
wird, und die letzte Instanz ist, wovon nur im
Fall, daß der Gerichtshandel eine Summe von
10000 Speciesthaler betrift, an den höchsten
Indianischen Rath appellirt werden kann. Die
Audienzia reale bestehet aus dem Präsidenten,
aus vier Oidores genannten Räthen, aus einem
Fiscal, einem Kanzler (Alguazile), und einem
Protektor der Indianer. Alle Todesurtheile müssen von diesem Rath unterschrieben seyn; 3) von
einem

einem Finanzrath (Hazienda), welcher bis 1768
dem Vizekönig in Peru untergeordnet war, und
einen Intendanten, den ältesten der königlichen
Räthe, den Fiscal, und zween Schatzmeister zu
Mitgliedern hat; 4) von dem Gericht der Cru=
zada, welches von einem Commissar, von dem
ältesten des königlichen Raths, vom Fiscal und
einem Schatzmeister verwaltet wird; 5) von ei=
nem Rath, welcher über die Austheilung unge=
baueter länderenen gesetzt ist; 6) von einem
Commerzienrath (Consulado), welcher über al=
les, was zu diesem Fach gehört, die oberste Auf=
sicht hat. Alle übrige Bedienungen des ganzen
Landes hangen von den gesagten sechs höchsten
Aemtern ab.

XXI. Was aber die unmittelbare Verwal=
tung der Gerechtigkeit in den Städten angehet,
so ist in einer jeden Stadt ein Cabildo genannter
Magistrat von vier und mehrern Beisitzern
(Regidores), von zween Alcaldes, oder Rich=
tern, einem Fahnenträger, einem Anwald, einem
Alguazil, einem Provinzialrichter und zween Se=
kretären. Das Land selbst ist in vierzehn, und
wenn man den Archipelagus Chiloe, die zwo
Fernandes=Inseln und die Provinz Cujo darzu
rechnet, in siebenzehn Provinzen eingetheilt,
wovon einer jeden, Valdivia und die Fernandes=
Inseln ausgenommen, ein Corregidor vorstehet,

welcher in dem Cabildo seiner Residenz den Vorsitz
hat. Wir wollen diese Provinzen von Norden
gegen Süden kurz durchgehen, und die Stärke
ihrer Bevölkerung und ihre vornehmsten Produkte anzeigen.

Die
Spanischen Provinzen in Chile.

I. Copiapo.

XXII. Diese Provinz grenzt gegen Norden
an die Peruanischen Wüsten, gegen Osten an die
Andes, gegen Süden an die Provinz Coquimbo,
und gegen Westen ans Weltmeer. Ihre länge
von Mitternacht gegen Mittag beläuft sich ungefehr auf 100 Seemeilen, und ihre Breite von
Sonnenaufgang bis zu Sonnenniedergang auf 44.
Sie wird von den Flüssen Salado, Copiapo,
wovon sie den Namen hat, Castagno, Totoral,
Quebrabahonda, Guasco und Chollai bewäs-
fert, und ist reich an Gold, Lapislazzuli, Schwefel
und Krystallsalz, welches man fast in allen Bergen, die gegen Osten an sie grenzen, antrift.
Ihre Hauptstadt ist Copiapo unter dem 26°, 50'
der südlichen Breite, und dem 305°, 5' der länge.
Sie enthält eine Pfarrkirche, ein Kloster der Väter von der Erlösung und ehemaliges Kollegium
der Jesuiten. Am Fluß Guasco finden sich die
Oerter Santa Rosa und Guasco-Alto, wovon
der erste 2½ Meilen vom Meer, und der zweite
nicht

nicht weit vom Gebirge Andes liegt, beide unter
29° der Breite. Diese Provinz hat zwey Seehäfen an den Mündungen des Copiapò und des
Guasco, welche Flüsse denselben die Benennung
geben.

II. Coquimbo.

XXIII. Die Provinz Coquimbo grenzt auf
ihrer nördlichen Seite an Copiapò, auf der
östlichen an die Andes, gegen Südosten an Acon-
gagua, gegen Südwesten an Quillota, und gegen
Westen ans Meer. Sie ist 45 Seemeilen lang und
40 breit, und wird von den Flüssen Coquimbo,
Tongoi, Limari und Chuapa durchströmt. Sie
ist reich an Gold, Kupfer, Eisen, Wein, Oliven
und andern sowohl inländischen als europäischen
Früchten. Ihre Hauptstadt ist Coquimbo, die
auch Serena genannt wird, und 1544 von Pedro
Valdivia am Fluß Coquimbo unter 29°, 49′
der Breite und 304°, 32′ der Länge gestiftet worden ist. Sie wird von vielen alten und adelichen
Geschlechtern bewohnt. Ihre Felder grünen zu
allen Zeiten, ob es gleich selten hier regnet; und
das Klima ist überaus mild. Die Engländer
haben sie oft verwüstet. Sie enthält neben der
Pfarrkirche die Klöster und Kirchen der Dominikaner, Franziskaner, Augustiner, der Väter von
der Erlösung, der barmherzigen Brüder und der
ehemaligen Jesuiten. Diese Provinz hat zwey

Hafen, Coquimbo und Tongoi, deren erster an
der Mündung des gleichnamigen Flusses anderthalb Meilen von dieser Stadt entfernt ist, und
jährlich von einigen Peruanischen Schiffen besucht
wird; der andern aber an den Grenzen der Provinz Quillota liegt.

III. Quillota.

XXIV. Diese Landschaft grenzt nordwärts
an Coquimbo, ostwärts an Aconcagua, gegen
Süden an Melipilla, und gegen Westen ans
Meer. Sie erstreckt sich nicht über 25 Meilen
in der Länge, und nicht über 16 in der Breite.
Die Flüsse Longotoma, Ligua, Aconcagua und
Limache bewässern sie. Sie ist eine der reichsten
an Gold und Einwohnern. Auch werden ihr
Hanf und ihre Aepfel sehr werth geschätzt. Die
Hauptstadt heißt Quillota, oder S. Martino,
und liegt unter 32°, 56′ der Breite und 304°,
20′ der Länge, in einem sehr angenehmen Thal,
welches der Fluß Aconagua bildet. Neben der
Pfarrey finden sich zu Quillota noch die Klöster
der Dominikaner, Franziskaner, Augustiner, und
ein ehemaliges Kollegium der Jesuiten. Auch
enthält die Provinz die bewohnten Oerter Plazza,
Plazilla, Ingenio, Casablanca und Petorca.
Der letztere ist wegen der vielen Bergknappen,
welche in den dasigen reichen Goldgruben arbeiten, sehr bevölkert, und liegt am Fluß Longotoma
unter

unter 31°, 30' der Breite und 305° der Länge.
Diese Provinz hat viele Seehafen, unter welchen
Papudo, Quintero, l' Erradara, Concon und
Valparaiso die vornehmsten sind. Die vier er,
sten werden nicht viel besucht.

Es ist kein Hafen in ganz Chile, wo so viel
Handel getrieben wird, als Valparaiso oder
Valparadiso. Er ist der Sitz des Handels mit
Peru und Spanien, und liegt unter 33°, 2' 36"
der Breite und 304°, 11' 45" der Länge. Der
Hafen ist sehr weit, und so tief, daß auch die schwer,
sten Schiffe bis ans Land kommen können. Die
Bevölkerung ist daselbst sehr beträchtlich, nicht
nur wegen des Handels, sondern auch wegen des
sanften Klima. Der dasige Guverneur hängt
unmittelbar vom königlichen Präsidenten ab, und
befiehlt sowohl in bürgerlichen als Militärsachen.
Es finden sich hier ein ehemaliges Kollegium der
Jesuiten, Klöster der Dominikaner, Franziskaner,
Augustiner, Väter von der Erlösung, und eine
Pfarrkirche. Ungefehr eine Stunde von Val,
paraiso am Strande des Meers liegt der Flecken
Almendral, welcher wohl bevölkert ist.

IV. Aconcagua

XXV. liegt zwischen den Provinzen Co,
quimbo, Quillota, Santiago und dem Gebürge,
und ist weder breiter noch länger als die Provinz

Quil,

Quillota; hat auch die nemlichen Flüsse. Sie
ist fruchtbar an Getreide und Obst, und aus ihren
Bergen wird viel Kupfer gegraben. Die berühmten Silbergruben Uspallata liegen neben ihr in
dem Gebürge. Ihre Hauptstadt Aconcagua,
oder S. Filippo el Reale liegt unter 32°, 48'
der Breite und 305°, 50' der Länge. Neben
der dasigen Pfarrkirche haben auch die Dominikaner, Augustiner und die Väter von der Erlösung ihre Kirchen und Klöster. Auch hatten die
Jesuiten hier ein Kollegium mit einer Kirche.
Unweit von den Andes liegt das Dorf Curimon,
wo die Franziskaner der strengern Observanz ein
zahlreiches Kloster haben.

V. Melipilla.

XXVI. Diese Provinz grenzt gegen Norden an Quillota, gegen Osten an Santiago, gegen Süden an den Fluß Maipo, welcher sie von
der Landschaft Rancagua trennt, und gegen Westen
an das Meer. Ihre größte Breite von Osten
gegen Westen erstreckt sich auf ungefehr 25 Meilen. Sie wird von den Flüssen Mapocho und
Poangue durchströmt, und hat Ueberfluß an
Wein und Getreide. Melipilla, oder S. Joseph de Logronno, welche nicht weit vom Fluß
Maipo unter 33°, 32' der Breite und 304°, 45'
der Länge liegt, ist die Hauptstadt dieser Provinz.
Sie ist nicht stark bevölkert, so schön und fruchtbar
auch

auch ihre Lage ist, weil der größte Theil ihrer Feld-
flur den Einwohnen zu Santiago gehört, und die
Reichern in der nahen Hauptstadt des Reichs ihr
Geld lieber verzehren wollen. Dem ungeachtet
finden sich hier neben der Pfarrey, Klöster der
Augustiner, der Väter der Erlösung, und der
ehemaligen Jesuiten. Nicht weit vom Fluß Mapocho liegt der Flecken S. Franzisko del Monte,
so genannt von einem alten Franziskaner-Kloster,
bey welchem sich viele arme Familien niedergelassen
haben, die diesen Ort bewohnen; jedoch finden
sich in diesem Distrikt verschiedene Landhäuser
reicher Herrn von Santiago; und nicht weit davon, wo die Maipo sich ins Meer ergießt, ist der
Hafen S. Antonio, welcher zur Zeit der Eroberung sehr besucht wurde; seitdem aber sich der
Handel nach Valparadiso gezogen hat, ganz
verlassen ist.

VI. Santiago oder S. Jacob.

XXVII. Diese Provinz grenzt nordwärts an
Aconcagua, gegen Osten an die Andes, gegen
Süden an den Fluß Maipo, und an Milipilla
gegen Westen, und erstreckt sich 15 Meilen von
Westen gegen Osten, und 12 von Norden zu
Süden. Neben den Flüssen Mapocho, Colina,
Lampa und einigen schönen Bächen hat sie auch
einen zwey Meilen langen See, Namens Pudaguel.
Sie ist der fruchtbarste Theil in ganz Chile. Sie
bringt

bringt Weitzen, Wein und Obst, worunter sich die Pfirsche an Größe und Geschmack besonders auszeichnen, in Ueberfluß hervor. Die Berge Caren sind überaus reich an Gold, und die Andes an Silber. Aber ihren größten Vortheil ziehet sie von der Hauptstadt des Reichs, welche 1541 von Pedro Valdivia gebauet wurde.

Diese schöne Stadt, welche Santiago, oder S. Jacob genannt wird, liegt unter dem 33°, 31' der südlichen Breite, und dem 305°, 40' der Länge, in einer weiten und angenehmen Ebene, auf dem südlichen Ufer des Mapocho, welcher sie von den Vorstädten Chimba, Canadilla, und Renca trennt, und sie durch unendlich viele Kanäle, welche durch alle Häuser gehen, bewässert. Auf beiden Ufern dieses Flusses sind steinerne Dämme gebauet, die Ueberschwemmung zu verhindern, und eine schöne Brücke, welche die Vorstädte mit der Stadt vereiniget. Die Stadt ist 30 Meilen vom Meer, und 7 Meilen von dem eigenthümlichen Gebirge Andes entfernt, welches durch die Höhe seiner weißen Gipfel die Schönheit der Lage dieser Stadt um ein großes vermehrt. Ihre Straßen sind wie in allen andern Städten und Flecken 36 geometrische Fuß breit, grade und rechtwinkelicht durchschnitten. Sie hat einen viereckigten Marktplatz, von welchem eine jede Seite 450 Schuh lang ist, und in dessen Mitte

ein

ein schöner Springbrunn von Kupfer stehet. Die nördliche Seite desselben ist von den Pallästen des Präsidenten, der Audienzia, und von dem Rath=haufe der Bürgerschaft, unter welchem die öffent=liche Gefängnisse sind, eingenommen. Gegen=über stehet der Pallast des Grafen von Sierra=bella, auf der westlichen Seite der Dom und die bischöfliche Wohnung; und auf der östlichen sind drey Häuser, welche Privat=Einwohner zugehören. Die Ansehnlichsten unter den Gebäuden sind der Dom, die Kirche der Dominikaner, und jene des ehemaligen größten Kollegiums der Jesuiten. Die privat Häuser sind ziemlich schön, und wegen der öftern Erdbeben nur ein Stockwerk hoch. Neben den Vorstädten, welche jenseits des Flusses sind, ist hier noch eine auf der Mittagsseite der Stadt, von welcher sie vermittelst einer Straße, welche Canada heißt, und viermal breiter als die übrigen Straßen ist, abgesondert wird. Im östlichen Theil der Stadt erhebt sich ein Hügel, Santa Lucia genannt, welcher den ersten Spaniern zu einer Festung wider die Indianer diente. Der Einwohner sind ungefehr 46000, welche Anzahl wegen des großen Handels, der hier getrieben wird, von Tag zu Tag merklich zunimmt. Demunge=achtet sind hier nur vier Pfarreyen, nemlich der Dom, S. Anna, S. Isidoro, und Renca. Da=gegen sind der Klöster desto mehr; denn die Dominikaner haben ihrer zwey, die Franziskaner
vier,

vier, die Augustiner zwey, die Väter der Erlösung
zwey, die barmherzigen Brüder eins mit einem
Hospital. Die Jesuiten hatten hier drey Collegien
mit öffentlichen Schulen, wo auch die höhern
Wissenschaften gelehrt wurden, und ein Haus,
welches zu den geistlichen Exercitien bestimmt war.
Es sind hier auch 7 Nonnenklöster, ein Zuchthaus
für Weiber, ein Waisenhaus, ein adeliches Kollegium, welches ehedem unter der Aufsicht der
Jesuiten war, ein bischöfliches Seminarium, eine
königliche Universität, eine Münze, ein Quartier
für die Soldaten und Dragoner, welche zur Sicherheit der Stadt, und zur Leibwache des Präsidenten
dienen. Neben den höchsten Aemtern, wovon
schon Erwehnung geschehen ist, ist hier noch wie
in allen Städten ein besonderer Magistrat, welcher
aus 12 Regidores bestehet, nebst andern Aemtern,
die allen Städten gemein sind. In dieser Hauptstadt blühet ein zahlreicher Adel, der hier mit allen
den Titeln und Ordenzeichen prangt, die in Kasti-
lien üblich sind. Es war dieß der Geburtsort
Sr. Exellenz Don Ferdinando Andia Iratra-
zabal, Marquis zu Valparaiso und Grand
d'Espagne, *) dessen Geschlecht nicht nur hier,
                                        sondern

---

*) Er war unter Philipp IV. Stadthalter der Kana-
rischen Inseln, Vizekönig des Königreichs Navarra,
und General Kopitain der spanischen Armee in dem
Kriege zwischen Frankreich und Spanien.

sondern auch in Spanien blühet. Weil hier von
allen Provinzen, als zu ihrem Mittelpunkt, die
Bedürfnisse eines bequemen Lebens zusammen=
fließen, so macht sie der Ueberfluß wohlfeil.

VII. Rancagua.

XXVIII. Die Provinz Rancagua ist zwischen
den Flüssen Maipo und Cachapoal eingeschlos=
sen, und gehet von den Andes bis zum Meer.
Jedoch ist ihre Ausdehnung von einem Fluß zu
dem andern ungleich; da sie sich in einigen Gegen=
den auf 17 und in andern nicht über 8 Meilen
erstreckt. Sie wird von den Flüssen Codegua, Cho=
calan, und andern kleinern Strömen bewässert, und
hat über das noch die Seen Aculeu und Bucalemu.
Der erste liegt fast im Mittelpunkte der Provinz,
und hat ungefehr 5 Meilen im Umfang. Der
zweite ist nahe am Meer, und hat 6 bis 7 Meilen
in der Länge. In einer geringen Entfernung ist
noch ein anderer Salzsee, welcher eine beträchtliche
Menge Salz liefert. Wodurch sich sonst diese
Landschaft auszeichnet, das ist ihr Ueberfluß an
Getreide. Ihre Hauptstadt heißt S. Cruz de
Trianna oder Rancagua, welche unter dem 34°
der Breite und dem 305°, 32′ der Länge liegt.
Sie enthält eine Pfarrkirche, ein Kloster der Fran=
ziskaner, und ein anderes der Väter der Erlösung.
Algue, ein Flecken, welcher 5 Meilen von der
Haupt=

Hauptstadt gegen das Meer liegt, ist wegen seiner
reichen Goldgrube merkwürdig.

VIII. Colchagua

XXIX. liegt zwischen den Flüssen Cachapoal
und Teno, und zwischen den Andes und dem
Meer. Von Norden gegen Mittag ist sie ungefehr 25 Meilen lang, und von den Andes bis zum
Meer gegen 14 Meilen breit, und wird von den
Flüssen Rioclarillo, Tinguiririca, und Chim-
barongo durchströmt. Auch hat sie die zwey
großen Seen Taguatagua und Caguil, wovon
der erste voll schwimmender Inseln und der zweite
reich an schmackhaften Tellinen ist. Das Erdreich dieser Provinz ist fruchtbar an Getreide,
Wein, Obst, und Gold. Sie war ehedem ein
Theil des Landes der Promaucaer, das ist, des
Volks der Freuden, welches wegen der Schönheit
des Landes so genannt wurde. Ihre Hauptstadt
ist San Ferdinandez, gestiftet im Jahr 1742
nicht weit von dem schönen Fluß Tinquiririca
unter dem 34°, 18' der Breite, und dem 305°,
30' der Länge. Neben der Pfarre, sind hier ein
Franziskaner-Kloster, und ein ehemaliges Jesuiter-
Kollegium. Die Provinz enthält noch die Flecken
Rioclarillo, Malloa und Roma.

IX. Maule.

IX. Maule.

XXXII. Diese Landschaft grenzt gegen Norden an Colchagua, gegen Osten an die Andes, gegen Süd-Osten an Chillan, gegen Süd-Westen an Itata, und gegen Westen ans Meer, und hat 44 Meilen in der Länge, und 40 in der Breite. Die Flüsse, welche sie bewässern, sind Lontue, Rioclaro, Pangue, Lircai, Huenchullami, Maule, welcher ihr den Namen giebt, Putagan, Achiguenu, Longavi, Loncomilla, Purapel und andere geringere Flüsse. Sie ist nicht weniger, als die vorige, reich an Getreide, Wein, Obst, Gold, Salz, Vieh, und sowohl an Meer= als Flußfischen. Hier werden die besten Käse in Chile gemacht, welche weder dem holländischen noch dem Parmesan=Käse an Güte etwas nachgeben. Die Einwohner, welche zum Theil von den tapfern Promaucaern abstammen, sind beherzt, stark, und gute Soldaten. Die Hauptstadt ist Talca, oder S. Augustin, welche 1742 am Fluß Rioclaro unter dem 34°, 47' der Breite, und dem 304°, 45' der Länge gestiftet worden ist. Sie hat bisher an Bevölkerung sehr zugenommen, theils wegen der reichen Goldgruben in den Bergen ihres Distrikts, theils auch wegen des wohlfeilen Preises der Lebensbedürfnisse; weswegen viele Adeliche, die in der Hauptstadt Santiago und zu Concepcion dem herrschenden Luxus nicht mehr folgen können, sich hier niedergelassen haben.

(M)

haben. Daher wird diese Stadt aus Spötterey
die Kolonie der Verarmten genannt. Die Stadt
enthält eine Pfarrey, und Klöster der Franziskaner,
Dominikaner, Augustiner, der Väter der Erlösung, und ein Kollegium der ehemaligen Jesuiten.
Die Provinz enthält noch die Flecken Curicò,
Cauquenes, S. Saverio de Bella Ista, S.
Antonio della Florida, Lora, und drey oder vier
Dörfer, die von Indianern bewohnt sind. Curicò,
welches in einer angenehmen Ebene am Fuß eines
Hügels unter dem 34°, 24' der Breite und dem
305° der Länge liegt, wurde 1742 erbauet. Es
enthält eine Pfarrey, ein großes Franziskaner-
Kloster von strengerer Observanz, und ein anderes der Väter der Erlösung der gefangenen Christen. Cauquenes wurde im nemlichen Jahr gestiftet, und liegt zwischen den zwey kleinen Flüssen
Tutuben und Cauquenes unter 35°, 40' der
Breite und 304°, 30' der Länge. Es findet sich
daselbst nebst der Pfarrey ein Franziskanerkloster.
S. Saverio de Bella Ista und S. Antonio
della Florida wurde 1755 erbauet, das erste unter 35°, 4' der Breite und 304°, 59' der Länge,
und das zweite unter 35°, 20' der Breite und
304°, 41' der Länge. Lora liegt nah an der
Mündung des Flusses Mataquito, und ist von
einer ansehnlichen Zahl Abkömmlingen der Promocaer bewohnet, und von einem Casique oder
Ulmen regiert.

X. Ita-

X. Jtata.

XXX. Die Provinz Jtata liegt längſt dem
Meer zwiſchen den Provinzen Maule und Pucha-
tai, und grenzt gegen Oſten an Chillan. Von
Oſten zu Weſten hat ſie 13, und von Norden zu
Süden 8 Meilen. Sie hat ihre Benennung vom
Fluß Jtata, welcher ſie durchſtrömt. Ihr Erdreich bringt den beſten Wein in Chile hervor,
welcher von Concepcion benannt wird, weil die
Weinberge meiſtens den Einwohnern dieſer Stadt
zugehören. Auch wird daſelbſt viel Gold aus
den Bergen und dem Sande gezogen. Ihre
Hauptſtadt heißt Jeſus de Coulemu, nahe bey
der Mündung des Fluſſes Jtata, welche 1743
unter 36°, 2′ der Breite und 303°, 42′ der
Länge geſtiftet worden iſt.

XI. Cillan.

XXXI. Gegen Norden ſtößt dieſe Provinz
an Maule, gegen Oſten an die Andes, gegen
Süden an Huilquilemu, und gegen Weſten an
Jtata, und an Größe iſt ſie von der vorigen we-
nig unterſchieden. Ihre Flüſſe ſind Nuble,
Gato, Chillan, Diguillin und Dannicalquin.
Weil ihr Diſtrikt durchaus ebenes Land iſt, ſo
werden viele Schaafheerden unterhalten, deren
Wolle für die beſte des Landes gehalten wird.
Ganze Heerde Hämmel werden jährlich von hier

aus

aus in andere Provinzen, sogar bis nach Copiapò, getrieben. Auch bringt das Land Getreide und Wein in Ueberfluß hervor. Die Hauptstadt ist S. Bartolomeo de Chillan unter 36° der Breite und 305°, 2' der Länge, welche 1580 gestiftet worden ist. Die Arauker haben sie oft, und ein Erdbeben hat sie 1751 verwüstet. Der letzte Unglücksfall bewog die Einwohner, sie an einen andern nahen Ort, welcher den Ueberschwemmungen des Flusses weniger ausgesetzt ist, zu versetzen. Sie ist ziemlich wohl bevölkert, und hat dem ungeachtet nur eine Pfarrey. Nebst derselben finden sich hier auch Klöster der Franziskaner, Dominikaner, Väter der Erlösung, und ein gewesenes Kollegium der Jesuiten.

XII. Puchacai.

XXXVI. Diese Provinz ist nordwärts von Itata, ostwärts von Huilquilemu, gegen Süden vom Fluß Biobio, und gegen Westen vom Meer umgeben. Von Mitternacht gegen Mittag beträgt ihre Strecke 12, und von Aufgang bis zum Niedergang der Sonne 20 Meilen. Ihr Erdreich, welches vom Andalien und andern kleinern Flüssen bewässert wird, ist reich an Goldstaub, und an Erdbeeren, welche die größten in Chile sind. Ihre Hauptstadt, welche 1754 gestiftet wurde, liegt auf dem nördlichen Ufer des Biobio, unter 36°, 44' der Breite und 303°, 48' der Länge.

Länge. In dieser Provinz liegt die Präfectur Concepcion, welche sich nicht weit außer der Stadt dieses Namens erstreckt.

Die Stadt Concepcion, welche dem Range nach die zweite ist, wurde 1550 von Pedro Valdivia unter 36°, 42′ 15″ der Breite und 303°, 23′ 30″ der Länge in einem angenehmen Thal am Meer erbauet. Sie blühete gleich von Anfang wegen des vielen Goldes, welches in ihrer Nachbarschaft ausgegraben wurde; aber 1554 wurde sie nach dem unglücklichen Treffen auf dem Berge Andalicano, oder Marigueno, von ihrem Guvernör Villagran, Nachfolger des Valdivia, und von den Einwohnern bey der Herannäherung des Lautaru verlassen, und von diesem in Asche verwandelt. Das nemliche that er im folgenden Jahr, nachdem sie wieder aufgebauet worden war. Don Garzia de Mendoza richtete sie 1558 wieder auf, und befestigte sie, nachdem er den Caupolicano einigemal besiegt hatte, auch hielt sie 52 Tage lang eine fürchterliche Belagerung von Antunecul, General des Toqui Antuguenu, aus, und erhielt sich in großem Glanz bis 1603, in welchem Jahr sie mit andern südlichen Städten der Spanier vom Toqui Paillamachu eingenommen und verbrannt wurde. Dem ungeachtet richtete sie sich wegen des großen Handels, den sie damals trieb, in kurzer Zeit wieder auf, und war schon wieder

(M) 3   zur

zur vorigen Blüthe gelangt, als sie 1730 durch
ein Erdbeben fast ganz umgestürzt, und zum Theil
von dem Meer bedeckt wurde. Die Einwohner
stellten sie zwar aufs neue wieder her; sie wurde
aber 1751 zwischen dem 24 und 25 May durch
ein Erdbeben verwüstet, und gänzlich vom Meer
überschwemmt. Endlich entschlossen sich die un=
glücklichen Einwohner, welche sich auf den nahen
Hügeln gerettet hatten, ihrer dreyzehnjährigen
Zwietracht, von welcher so wohl, als von der Ab=
neigung eines gewissen Präsidenten ihr ganzes
Unglück entstanden war, ein Ende zu machen, und
die Stadt auf eine 2 Meilen weit entfernte schöne
Ebene, welche Mocha genannt wird, auf das
nördliche Ufer des Flusses Biobio zu versetzen;
wo sie von Tag zu Tag zunimt. Die politische
Regierung dieser Stadt ist jener der übrigen
Städte gleich. Ihr Corregidor ist zugleich das
Oberhaupt im Kriegswesen; weil sich hier der
vornehmste Theil der Truppen des Landes auf=
hält. Auch ist hier die königliche Kriegskasse,
woraus nicht nur die hiesigen Truppen, sondern
auch jene, die auf den Grenzen einquartiert sind,
besoldet werden. Weil 1567 hier die erste Au=
dienzia gestiftet worden ist, so ist der Präsident,
der hier seinen Pallast hat, verbunden, sechs Mo=
nat im Jahr hier zu residiren. Seit 1603, da
Imperial verwüstet wurde, ist Concepcion der
Sitz eines Bisthums. Alle Mönchs=Orden, und
                                            sogar

sogar die Nonnen des Trinitarier-Ordens, haben hier Klöster. Die Jesuiten lehrten ehedem in ihrem Kollegium die Humaniora, die Philosophie und Theologie, und hatten über das noch ein adeliches Consistorium unter ihrer Aufsicht, neben welchem noch ein bischöfliches Seminarium hier ist. Der Einwohner sind nach so vielen erlittenen Verwüstungen nicht mehr als 13000. Die Witterung ist hier in allen Jahrszeiten sehr sanft und mild, das Erdreich fruchtbar, und das Meer reich an allen Gattungen von wohlschmeckenden Fischen und Muscheln. Der Meerbusen oder Hafen ist geräumig; denn er erstreckt sich von Norden zu Süden auf 3½ Meilen, und eben so weit von Osten zu Westen. Die schöne und fruchtbare Insel Quiriquina liegt in der Mündung des Hafens, und läßt nur zwey Zugänge in denselben offen, von welchen der östliche, Bocca grande genannt, beynahe eine ganze, und der westliche eine halbe Stundeweges breit ist. Der Hafen ist für jede Art Schiffe tief genug und sicher, besonders in der Gegend Talcaguano, die nicht weit von der neuen Stadt ist, und wo die Schiffe vor Anker liegen. Concepcion ist der Geburtsort des Herrn Firmino Carvajal, Grafen von Castillejo, welcher vor kurzem die Würde eines Grande in Spanien erhalten hat. Sein altes Geschlecht residirt in dieser Stadt.

(M) 4   XIII. Huil

XIII. Huilquilemu.

XXXIII. Diese Provinz wird gemeiniglich Estanzia del Rei (Besetzung des Königs) genannt, und liegt zwischen Chillan, dem Andesgebirge, dem Fluß Biobio und der Provinz Puchacai, welcher sie an Länge und Breite gleich ist. Sie wird von den Flüssen Itata, Claro, Laxa und Duqueco bewässert, und ist reich an Goldstaub und an köstlichem Muskatwein. Ihre Landleute sind tapfer und geübt in den Waffen, wegen der Kriege mit den benachbarten Araukern. Ihre Hauptstadt heißt Estanzia=del=Rei, oder S. Aloysius Gonzaga, und ist unlängst nicht weit vom Fluß Biobio unter dem 36°, 45′ der Breite und dem 303°, 48′ der Länge gebauet worden. Neben der Pfarrey hat sie ein ehemaliges Kollegium der Jesuiten. Die Streifereyen der benachbarten Arauker zu verhüten, haben die Spanier auf der nördlichen Seite des Grenzflusses Biobio die Festungen Jumbel, Tucapen, S. Barbara und Puren, und auf dem südlichen Ufer die festen Plätze Arauco, Colcura, S. Pedro, S. Juana, Nascimento und Angeles.

XIV. Valdivia

XXXIV. ist von den übrigen spanischen Provinzen ganz abgesondert, und liegt mitten unter den Araukanischen Ländern, (die sich auf 70 Meilen

sen in die länge erstrecken) auf beyden Seiten des
Flusses Valdiva bis ans Meer, dergestalt, daß sie
gegen Mittag an die Cuncher grenzt, welchem
Volk ihr südlicher Theil ehedem zugehörte, und
12 Meilen lang und 6 Meilen breit ist. Sie ist
sehr reich an vortreflichem Holze, und an Goldstaub,
welcher der reinste in ganz Chile seyn soll. Der
Hauptort ist die berühmte Stadt, Festung und
Hafen Valdivia, welche auf der südlichen Seite
des gleichnamigen Flusses, unter 39°, 58′ der
Breite und 303°, 2′ der Länge, drey Meilen vom
Meer liegt. Pedro Valdivia stiftete sie 1551,
legte ihr seinen Namen bey, und trug große Schätze
Gold davon; wodurch viele Menschen gereizt
wurden, sich daselbst niederzulassen, und die Stadt
gleich vom Anfang sehr volkreich wurde. Der
Araukische Toqui Caupolicano I. belagerte sie
zweymal vergebens; aber der thätige und tapfere
Paillamachu überraschte sie 1599 mit 4000
Mann in einer Nacht, tödtete den größten Theil
der Besatzung, die in 800 Mann bestand, verbrannte
sie, und zog mit vielen Gefangenen, mit einer
Million in Gold, welche dem König zugehörte, und
mit großer Beute von Gütern der Einwohner,
siegreich davon. Die Spanier, welchen sehr viel
an dieser Besitzung gelegen ist, richteten sie wieder
auf, und befestigten sie so sehr, daß der Arauker
wiederholte Versuche nichts wider sie vermochten.
Es gelang jedoch 1640 den Holländern, sich ihrer

zu

zu bemeistern; mußten sie aber aus Mangel der
Lebensmitteln, welche ihnen von den Araukern,
womit sie ein Bündniß aufzurichten suchten, nicht
geliefert wurden, verlassen. Als die Spanier mit
einer Flotte dahin kamen, die Europäischen Feinde
zu vertreiben, und den Ort verlassen fanden, nah-
men sie ihn aufs neue in Besitz, und befestigten
ihn besser als zuvor, mit vier Kastele auf beyden
Seiten des Flusses, zwischen ihr und dem Meer,
und mit einem andern auf der nördlichen Seite
wider die Arauker. Seitdem ist sie von Seiten
des Landes und des Meers vor allen Anfällen ge-
sichert gewesen; ob sie gleich von Feuersbrünsten
ein paarmal fast ganz eingeäschert worden ist.
Der Hafen dieser Stadt wird von einem schönen
Busen des Flusses gebildet, und ist in der Südsee
der sicherste, geräumigste, und von der Natur am
meisten befestigte. Die Insel Manzera, welche
in der Mündung des Flusses liegt, bildet zwey
Eingänge in den Hafen, welche auf den Seiten
des Landes mit einer Krone unbesteiglicher und
sehr befestigter Berge umgeben sind. Weil dieses
die wichtigste der Spanischen Besitzungen im Süd-
meere ist, so wird jederzeit ein guter Soldat als
Guvernör, der jedoch von dem königlichen Präsidenten abhängt, von den Spaniern dahin geschickt, welcher eine gute Anzahl Truppen, die
Kommandanten der fünf Kastele, und andere
Officiere unter seinem Kommando hat. Diese

zu besolden und zu unterhalten werden jährlich aus
Peru 36000 Speciesthaler, und aus andern
Chilischen Häfen die nothwendigen Lebensbedürfnisse geschickt. Neben dem Kollegium, welches
hier die ehemaligen Jesuiten besaßen, und neben
einer Pfarrey, haben die Franziskaner hier ein
Kloster, und die barmherzigen Brüder ein königs-
liches Hospital.

XV. Das Inselmeer Chiloe.

XXXV. Das Inselmeer Chiloe ist ein großer
mit Inseln besäeter Busen, welchen das Südmeer
bildet, indem es fast zirkelförmig bis an den Fuß
der Andes weit ins Land dringt. Dieser Meerbusen erstreckt sich von 41°, 20′ bis 44°, 40′ der
südlichen Breite, und von 303° bis 304°, 50′
der Länge. Der Inseln, die hier eingeschlossen
werden, sind 47, deren 32 von Indianern und
Spaniern bewohnt, die übrigen aber ohne Einwohner sind. Unter den bewohnten ist eine von
beträchtlicher Größe; einige sind 12 bis 15 Meilen lang, und andere sind kleiner.

Die größte dieser Inseln ist Chiloe, welche
dem ganzen Inselmeer, das ehedem Ancud hieß,
ihren Namen mittheilt. Ihre westliche Seite
liegt mit dem westlichen Ufer des festen Landes in
einer Linie, und in der Mündung des großen Meer-
busens, dergestalt, daß sie dahin nur zwey Eingänge
läßt,

läßt, von welchen der nördliche etwas mehr als
eine Meile, und der südliche über 12 Meilen breit
ist. Sie liegt zwischen 41°, 50′, und 44° der
südlichen Breite, und hat ungefehr 60 Meilen in
der Länge, und 20 Meilen in ihrer größten Breite.
Sie ist, wie alle die übrigen Inseln, mit Bergen
und undurchdringlichen Wäldern bedeckt. Außer
der Herbstzeit, da es 15 oder 20 Tage helles
Wetter ist, regnet es hier fast jederzeit, und wird
für ein Wunder angesehen, wenn 8 Tage ohne
Regen vorbeygehen. Die Luft ist daher immer
feucht, und die Erde reich an Flüßen und Bächen.
Dem ungeachtet ist die Luft wegen ihrer gemäßig-
ten Wärme gesund. Aber die übermäßige Feuchtigkeit läßt das Getraide nicht gedeihen. Kaum
erndten sie so viel Waitzen ein, als zum Unterhalt
der Einwohner nöthig ist. Türkisch Korn kommt
sehr schlecht fort. Gersten, Bohnen, Quinoa,
Erdäpfel, und der Lein gerathen ziemlich wohl,
und unter den Gartengewächsen nur Kohl und
Lauch. Die Weintrauben, und alles übrige Obst,
(die Aepfel, und einige wilde Obstfrüchte ausgenommen) kommen nie zur Reife. An Rindfleisch,
obgleich das feste Land reichlicher damit versehen
ist, ist kein Mangel. Man trift hier zwar keine
ganze Heerden von Pferden an, wie auf dem festen
Lande; es ist aber fast niemand, der nicht mit ein
oder zwey Pferden versehen sey. Die Esel sterben in kurzer Zeit, wenn sie vom festen Lande hier-

her

her gebracht werden; daher findet sich nicht ein
Maulthier auf dem ganzen Archipelagus. Die
Thiere, woran diese Insel ein Ueberfluß hat, sind
die Schaafe und Schweine, womit sie einen großen
Handel treiben. Ihre inländischen Thiere sind
Gemsen, Fischottern, und eine Gattung schwarzer
Füchse. Sie sind reich an wildem und zahmen
Flügelwerk. Unter den wilden sind der Cague
und Quethu merkwürdig. Der erste ist unge-
fehr so groß als eine Gans; hat aber einen kürzern
Hals, und einen etwas längern Schwanz. Das
Männchen ist mit einem rothen Schnabel, und
mit gelben Füßen ganz weiß; aber das Weibgen
hat schwarze Federn, die mit einem weißen Streif
umgeben sind, gelbe Füße und Schnabel. Seine
Eyer sind groß und weiß. Der Quethu ist so
groß als eine zahme Ente, welcher er auch an
Gestalt gleicht. Seine Federn sind aschenfärbig,
wollicht, und sehr sanft. Seine Flügel sind sehr
klein, und ganz ohne Federn und Haare, seine
Augen braun, und sein Fleisch roth. Er legt
sechs weiße Eyer in den Sand am Meerufer.
Neben dem hat der Schöpfer alle diese Inseln mit
einem erstaunlichen Reichthum von Fischen und
köstlichen Muscheln, mit grauem Ambra, und mit
vielem Honig, welches die Bienen in den Wäldern
bauen, versehen. Das Holz ist hier unendlich
mannigfaltig, und zum Bau der Häuser und
Schiffe sehr gut.

XXXVI.

XXXVI. Dieses Inselmeer wurde 1558 vom Guvernör Don Garzia Mendoza entdeckt; man bekümmerte sich aber damals noch nicht um derselben Eroberung. Dieses geschah 1565 durch Don Martino Rui=Gamboa, welcher von 30 Mann Spanier begleitet, 70000 Einwohner auf diese Inseln antraf, dieselben ohne einigen Widerstand einnahm, und auf der größern die Stadt Castro und den Hafen Chacao bauete. Diese Insulaner blieben den Spaniern unterthan bis ins gegenwärtige Jahrhundert, da sie sich in Freyheit setzten. Sie wurden aber durch das weise Betragen des Don Pedro Molina, welcher von Concepcion dahin geschickt wurde, ohne viele Mühe zum vorigen Gehorsam gebracht. Ob sie gleich von den Einwohnern des festen Landes abstammen, und an Bildung, Sitten und Sprache von jenen nicht unterschieden sind, so sind sie doch überaus furchtsam und gelehrig. Sie sind scharfsinnige Köpfe, und alles was sie unternehmen, gehet ihnen gut von der Hand. Es giebt hier geschickte Tischler, Künstler in eingelegten Arbeiten, Drechsler, Lein- und Wollenweber, die letzten besitzen auch die Kunst, die feinsten Federn der Vögel unter die Wolle zu weben, und schöne Bettdecken daraus zu verfertigen, auch allerley Figuren von verschiedenen Farben in die Leinwand zu weben. Sie sind sehr zur Schiffahrt geneigt, und werden vortrefliche Matrosen. Ihre Boote, welche sie

Pirague

Pirague nennen, und womit sie bis nach Concepcion fahren, bestehen aus drey oder fünf dicken
Brettern, welche zusammengebunden, und mit
einem gewissen Baumharz verpicht sind. Sie
werden sowohl mit Ruderstangen, als vermittelst
der Segel in Bewegung gesetzt. Die Chilotes
geben ihren Kindern eine gute Erziehung, und
gewöhnen sie von Kindheit auf zur Arbeit. Wenn
man sie in ihrer Kindheit zum Studiren anhält,
so machen sie einen glücklichen Fortgang in Künsten
und Wissenschaften. In vergangenen Jahren
wurde in einem Dorf, Namens Conchi, eine Schule
gestiftet, welche von 150 Kindern besucht wurde,
die in einem Jahre nicht nur lesen, schreiben, und
rechnen, sondern auch die christliche Lehre, und die
spanische Sprache lernten. Diese ganze Nation
wurde in den ersten Jahren ohne viele Mühe zum
Christenthum bekehrt. Sie führen ein so frommes
Leben, daß der Geist der ersten Kirche unter ihnen
aufgelebt zu seyn scheint. Es haben sich auch
durch Ueberredung der Missionare einige Stämme
der Wilden aus den Magellanischen Ländern auf
diesen Inseln niedergelassen.

XXXVII. Die Spanier haben hier einen
Statthalter, welcher vom königlichen Präsidenten
in Chile abhängt, und im Hafen Chacao residirt;
einen Cabildo, oder Magistrat mit einem Corregidor in der Stadt Castro, welcher zugleich Rich-
ter

ter der Indianer ist; und einem Kommandanten
der Inseln Calbuco, welche in dem nördlichern
Theil des Inselmeers liegen. Alle Inseln sind
unter drey Pfarreyen getheilt, welche in dem Kirchsprengel Concepcion begriffen sind. Aber diese
Bischöfe haben, außer einen, diese Inseln nie
besucht. Es finden sich auf denselben 75 Flecken,
die von Indianer, welche unter ihren Ulmenes
stehen, bewohnt sind, wo in einem jeden die Jesuiten eine Kirche zu den Verrichtungen ihrer Mission
hatten. Die zwey Hauptörter sind Castro und
Chacao.

XXXVIII. Castro, der Hauptort des ganzen
Inselmeers, liegt auf der östlichen Seite der Insel
Chiloe, auf einem Busen, den hier das Meer bildet,
unter 42°, 58′ der Breite, und 303°, 15′ der
Länge. Alle Häuser sind daselbst, wie in allen
übrigen Inseln, von Holz, und die wenigen Einwohner leben meistens auf ihren Gütern. Die
hiesige Geistlichkeit bestehet in einer Pfarrey, in
einem Franziskaner-Kloster, und in einem andern,
welches von drey Vätern der Erlösung bewohnet
ist. Der Hafen Chacao liegt fast in der Mitte
der nördlichen Küste der Insel Chiloe auf dem
großen Kanal, welcher auf dieser Seite die Insel
von dem festem Lande trennt, unter 42° der
Breite, und 303°, 37′ der Länge. Dieser Hafen
ist von hinreichender Tiefe, und sehr wohl vor den
Winden

Winden verwahrt, obgleich der Eingang wegen
der Ströme und Strudel, und wegen verborge-
ner Steinklippen in der engsten Gegend desselben,
sehr schwer ist. In diesem Hafen ist der einzige
Sitz des Handels auf dem Inselmeer, welcher vermittelst vier oder fünf Schiffe geschiehet, die von
Peru und Chile jährlich hier ankommen. Es ist
aber ein purer Tauschhandel; weil das Gold auf
diesen Inseln sehr rar ist. Der Cabildo, oder
Magistrat zu Castro, hat das Recht, bey der Ankunft der Schiffe zwey Deputirten zu schicken,
welche alle Waaren taxiren, und die Preise fest-
setzen, nach welchen sich die Kaufleute richten können.
Der Hafen hat vor allen übrigen die Freiheit,
daß die daselbst ankommenden und abgehenden
Waaren keinen Zoll bezahlen.

Die Fernandes-Inseln.

XXXIX. Diese zwo Inseln sind ungefehr
130 Seemeilen von dem festen Lande Chile entfernt, und die eine, welche sich von Chile weniger
entfert, wird de Tierra, und die andere de Fuera
(weil sie mehr auswärts liegt) genannt. Beyde
liegen fast unter dem nemlichen 33°, 42' der
Breite und dem 297°, 32' der Länge. Die Insel de Fuera ist etwas über eine Stunde Weges
lang, sehr hoch, und ringsum so tief, daß die
Schiffe nirgends ankern können. Sie ist ein

(N)   steiler

steiler Berg, reich an schönen Bäumen und köstlichen Quellen, wie die Fischer, von denen sie besucht wird, versichern. Die Insel de Tierra ist
ungefehr 2¼ geographische Meilen lang, und eine
gute Stunde Weges breit. Ihr Erdreich ist meistens bergicht, und von den Wasserströmen, die
von den Bergen herabfallen, in vielen Gegenden
zerrissen; übrigens aber ist es sehr reich an schö-
nem Holz, z. B. an Sandelholz, an gelbem
Holz, und an einer Gattung von Palmbäumen,
welche Chonta genannt wird, und eine wohl-
schmeckende Frucht hervorbringt. Ihr Stamm,
welcher sich in eine schöne schwarze Farbe verwandelt, ist hohl, wie Rohr, und so dicht, daß es dem
Eisen an Härte nahe kommt. Der englische Ad-
miral Anson, oder der Verfasser seiner Reise,
beschreibt diese Inseln wie ein Paradies; er wußte
aber nicht, daß ihr Erdreich so mit Würmern angefüllt ist, daß sie alles verderben. Das Meer
dieser Inseln ist reich an Stockfischen, Meer-
Heuschrecken, Seelöwen, Meerkälbern, und andern Seethieren, welche den Stof zu einem beträchtlichen Handel geben. Juan Fernandez,
welcher sie entdeckte, theilte ihnen seinen Namen
mit. Er brachte einige Ziegen auf die größere,
welche sich so sehr vermehrten, daß sie dieselbe an-
füllten. Da aber die Spanier nach dem Tode
des Fernandez, welcher sich auf dieser Insel niedergelassen hatte, dieselbe verließen, brachten sie

Hunde

Hunde dahin, die Ziegen aufzuzehren, damit sie
ihren Feinden nicht zu Lebensmitteln dienten;
aber die Hunde haben sie bisher nicht vertilgen
können. Sie selbst haben ihre natürliche Wild-
heit und sogar ihre Stimme verlohren, daß sie
nicht mehr bellen, und sich vor andern Hunden
fürchten. Die Spanier fingen endlich an, die
Wichtigkeit des Besitzes dieser Insel zu erkennen,
und besetzten 1750 die Insel de Tierra mit einem
neuen Pflanzvolk, und zwar am südwestlichen
Hafen, der von Juan Fernandez den Namen
hat. Der Präsident von Chile besetzt die Stelle
des hiesigen Gouvernörs mit einem der Haupt-
leute, die an den Araukanischen Grenzen in Besatzung liegen. Mehr gegen Süden ist hier noch
ein anderer Seehafen, welcher von dem Engländer Anson, der hier mit seiner Flotte vor Anker
lag, benannt wird, und vor den Winden nicht
sicher genug ist.

XVII. Cujo.

XL. Obgleich die Provinz Cujo außer den
Chilischen Grenzen liegt, so gebührt es doch, eine
kurze Beschreibung davon zu geben. Sie grenzt
gegen Norden an Tucuman, gegen Westen an
die Pampas, oder Wüsten von Buenos-Ayres,
gegen Süden an die Patagonischen Länder, und
gegen Westen an das Gebirge Andes, welches sie

von

von Chile scheidet. Sie ist von Osten zu Westen
111 Meilen lang, und von Norden zu Süden
ungefehr 110 breit, und liegt zwischen dem 29
und 35 Grad der südlichen Breite. Sie ist sowohl in der Witterung als an natürlichen Pro-
dukten von Chile ganz unterschieden. Der Winter ist zwar ohne Regen, aber doch sehr strenge.
Im Sommer ist die Hitze sowohl des Nachts als
bey Tage groß, und Donner- und Hagelwetter
sehr gemein. In den westlichen Gegenden entstehen und verschwinden diese Ungewitter in Zeit
einer halben Stunde, und die Sonne trocknet
alsdenn die Feuchtigkeit in einem Augenblick.
Daher können weder Kräuter noch Bäume gedeihen; es sey denn, daß sie durch Kanäle bewässert werden; alsdenn ist das Erdreich über
alle Maßen fruchtbar. Alles europäische Obst
und Getreide geräth hier sehr gut, und wird um
einen Monat früher als in Chile reif. Die
Weine, die hier gebauet werden, sind stark und
voll Substanz.

XLI. Dieses Land wird nur von drey Flüssen bewässert, welche in den Andes entspringen,
und sind, S. Juan, Mendoza und Tumujan.
Weil die zwey ersten, welche ihren Namen von
den Städten haben, die sie bewässern, auf einem
ebenen Boden ohne merklichen Abhang fließen,
so bilden sie nach einem Lauf von 25 oder 30 Meilen,

len, faſt mitten in der Provinz, die berühmten
Seen Guanacache, die ſich über 50 Meilen von
Norden gegen Süden erſtrecken, und durch einen
Kanal des Fluſſes Tunujan ſich in den Pampas
verlieren. Dieſe Seen ſind reich an Forellen,
und geben der Provinz alle das Salz, das ſie verzehrt. Der öſtliche Theil der Provinz, Punta
genannt, welcher von den Flüſſen Conlara und
Quinto und verſchiedenen kleinern Strömen be-
wäſſert wird, iſt von dem Ueberreſt der Provinz
ganz unterſchieden. Hier iſt das Feld mit den
ſchönſten Bäumen bedeckt, und das Gras wächſt
hier ſo hoch, daß es hie und da die Pferde bedeckt;
die Ungewitter ſind aber hier heftiger, dauern
einige Stunden, und ſind mit ſehr häufigen Re-
gengüſſen begleitet.

XLII. Unter den Bäumen dieſes Landes findet ſich eine ganz ſonderbare Art von Palmbäumen, welche den Chiliſchen an den Zweigen
und an der Frucht gleichen; von ihnen aber dadurch unterſchieden ſind, daß ſie nicht über 18
Schuh hoch werden, und daß ihr Stamm von
der Erde an mit grünen Aeſten bedeckt iſt. Die
Blätter ſind hart, und endigen ſich ſo ſpitz, daß
ſie wie ein Degen ſtechen. Die Frucht gleicht
an Geſtalt einer Cocosnuß, enthält aber nichts,
als gewiſſe runde und dichte Samenkörner, und
hat nichts eßbares. Der Stamm dieſes Baums

(R) 3 iſt

ist schwärzlicht, und geht leicht ab. Darauf folgen
fünf oder sechs Häute, welche am Gewebe dem
Leinwand, wie es aus den Händen des Leinwebers
kommt, vollkommen gleichen. Die erste dieser
Häute ist gelblicht, und so dick als Segeltuch;
die folgenden werden immer feiner und weißer,
dergestalt, daß die letzte dem Kammertuch gleicht,
dem es aber an Dichtheit nicht beykommt. Die
Faden dieses natürlichen Leinwands sind stark und
geschmeidig, aber nicht so weich anzufühlen, als
leinene Faden. In dieser Gegend findet sich auch
in Menge der indianische Feigenbaum Opunzio,
welcher die Cochenille ernährt. Die Landleute
fangen dieses Insekt, indem sie es auf Nadeln
spießen; woher es kommt, daß ihre rothe Farbe
sehr ins Schwarze fällt. Das Bäumchen bringt
auch eine wollichte Frucht von der Größe einer
Pfirsche hervor, deren Fleisch eine unendliche
Menge Körnchen, die denen der Feige gleich sind,
und durch eine Art von Leim zusammenhängen,
enthält. Diese Frucht ist süß und wohlschmek-
kend, und läßt sich erhalten, wenn sie in kleine
Scheibchen geschnitten an der Sonne getrocknet
wird. Der Baum, welcher die griechische oder
türkische Bohne hervorbringt, wächst in der ganzen Provinz. Sie haben vier Gattungen deß-
selben, von denen zwo eßbar sind; von den übrigen aber die eine den Pferden zum Futter dient,
und die andere eine schwarze Dinte giebt. Es
wächst

wächſt hier auch eine ganz beſondere Blume, welche die Luftblume genannt wird, weil ihr Stengel keine Wurzel hat, und nie in der Erde ſteckt, ſondern an die dürreſten Felſen und Bäume ſich herumwindet. Der Stengel iſt einem Nelkenſtengel gleich; aber die Blätter ſind größer und dicker, und ſo hart, daß ſie Holz zu ſeyn ſcheinen. Jeder Stengel bringt zwey oder drey weiße durchſichtige Blumen hervor, die an Form und Größe einer Lilie gleichen. Sie ſind auch ſo geruchreich, als die Lilie, und bleiben zwey Monat am Stengel unverwelkt, und auch mehrere Tage, wenn man ſie abſchneidet. Was aber das wunderbarſte dieſer Pflanze iſt, ſo bringt ſie jährlich ihre Blumen hervor, wenn ſie auch durch einen Zufall hundert Stunden weit verführt wird, und an einem Nagel hängt.

XLIII. Die Provinz Cujo hat einen Ueberfluß an Vögeln, unter welchen es viele ganz ſonderbare Gattungen giebt; z. B. zwo Gattungen von Papagayen, die von den Chiliſchen unterſchieden ſind. Der eine heißt Catita, und gleicht an Geſtalt einer Turteltaube, ob er gleich an Größe ihr nicht beykommt. Auf dem Rücken iſt er grünlicht, und am Bauch weißlicht.*) Der andere,

(N) 4 welcher

*) Hier ſcheint ſich der Verfaſſer zu widerſprechen; denn im erſten Theil Nr. 74 beſchreibt er dieſe Gattung Papagayen auch in Chile, obgleich mit einem geringen Unterſchied.

welcher Periquito heiße, ist etwas größer. Seine
Federn sind, außer dem Kopf welcher schwarz ist,
und dem Rücken, wo einige Federn roth sind, von
dunkelgrüner Farbe. Beide lernen sprechen.
Unter andern seltnen Vögeln giebt es auch zwo
Gattungen von Rebhünern, deren eine Martinetta
genannt wird, und von der gemeinen Art dadurch
unterschieden ist, daß sie so groß als eine Henne
ist, daß sie mit schönen vielfärbigen Federn geschmückt ist, und auf dem Kopf einen schönen
Schupf Federn hat. Ihr Fleisch ist sehr schmackhaft, und ihre Eyer sind grün. Der gemeinen
Rebhüner ist eine so große Menge, daß ein Mann
mit einem Stecken, an welchem eine Schlinge befestiget sey, in drey oder vier Stunden zwanzig bis
dreyßig fangen kann; denn sie fliehen vor den
Menschen nicht. Der Abannil oder Mäuerer,
ist ein Vogel von der größe eines Krammtsvogels
und von der Farbe des Tobacks. Er wird so
genannt, wegen der Art wie er aus Koth sein
Nest an die Stämme der Bäume bauet. Ehe er
den Bau anfängt, knetet er Haarwerk und Stroh-
spitzen unter den Koth; darauf theilt er ihn in
Kügelchen, und bringt diese theils im Schnabel,
und theils in den Klauen seinem Pärchen. Dieser bauet erstlich das Pflaster in Form eines
Zirkels, dessen Diameter acht oder neun Unzen
groß ist, und belegt es mit kleinen Kiseln. Wenn
er damit fertig ist, so richtet er ringsum eine Mauer
von

von der Höhe einer guten Spanne auf, und läßt
eine kleine Thüre. Auf diese Mauer bauet er
ein zweites Stockwerk für sein Nest, mit einer
andern Oefnung. Endlich setzt er seine Mauer
fort bis zu einer gewissen Höhe, wo er das Gebäude
mit einem schönen Gewölbe zuschließt. Es ist so
stark, daß es den Regengüssen und heftigen Winden widerstehet. In der nördlichen Gegend
dieser Provinz findet sich eine Gattung Fasanen,
welche Chunna genannt wird, von der Größe
einer Henne, und aschenfärbig. Ihr Fleisch ist
so köstlich als jenes der gemeinen Fasanen. Er
wird gar leicht zahm gemacht, und thut in den
Häusern die Dienste einer Katze, weil er die Mäuse
gerne frißt. Aber wenige Menschen können ihn leiden, theils wegen seines häßlichen Lauts, den er von
sich giebt, theils auch weil er alles versteckt, was
er mit dem Schnabel wegtragen kann. Neben
den gemeinen Turteltauben giebt es hier eine
Gattung, die etwas größer als ein Sperling ist.
Der Straußvogel ist in diesen Gegenden etwas
gemeines. Bienen finden sich überall, besonders in den östlichen Gegenden, wo man nur
ihr Honig benutzt, welches in Wahrheit köstlich
ist. Die Heuschrecken lassen sich hier auch
manchesmal sehen, und zwar in so großer Menge,
daß sie viele Meilen weit und breit das Land bedecken, und alle Kräuter aufzehren. Sie sind
gemeiniglich drey Unzen lang; jedoch hat man

(N) 5   auch

auch unter ihnen welche bemerkt, die so dicke als eine Sardelle, und sieben bis acht Zoll lang waren.

XLIV. In der Provinz Cujo finden sich viele vierfüßige Thiere, die man in Chile nicht antrift, z. B. Tyger, wilde Schweine, Hirsche, Erd-Schildkrotten, Kirkinchi, Ottern, das Thier Iguana und andere. Die Tyger sind so grausam, als die Afrikanischen, und so groß wie ein Esel, welcher jedoch etwas höhere Beine hat. Das Fell ist weiß, gelb und schwarz gefleckt. Die Landes-Einwohner tödten sie mit einem fünf oder sechs Schuh langen Spieß. Aber dieses zu thun, dazu werden drey Männer erfodert, deren zween auf der Wache stehen, indeß der dritte das Tyger anhetzt. Das Thier rennt wüthend auf den Jäger los, und stürzt sich in den Spieß, den derselbe ihm vorhält. Alsdenn eilen die übrigen zween Jäger herzu, und vollenden das Werk. Die wilden Schweine und Hirsche sind von den Europäischen nicht unterschieden. Die Kirkinchi sind eine Art Schweine, die den unsern in allem gleichen, außer daß ihr Rücken und spitzer Schwanz mit harten in einander laufenden Schuppen bedeckt ist. Die übrigen Theile sind mit bräunlichen Borsten bekleidet. Es giebt ihrer vier Gattungen, welche nur der Größe nach, oder durch mehr oder weniger dichte Borsten sich von einander unterscheiden,

scheiden, und Muli, Pelosi, Pichi und Bole
genannt werden. Die drey erſten fliehen in gera-
der Linie, weil ſie ſich wegen der harten Rinde
nicht beugen können, vor dem Jäger, und wenn
ſie ſich nicht anders helfen können, graben ſie ein
Loch in der Erde, und ſtecken ſich ſo feſt in daſſelbe,
daß man ſie mit keiner Gewalt herausziehen kann.
Aber dieſes bewürket der Jäger dadurch, daß er
dem Thiere einen dünnen Stecken in den Hintern
ſteckt. Die Bole wickelt ſich wie ein Knauel in
dicke Rinde zuſammen, aus welcher Lage ſie der
Jäger mit glühenden Kohlen, die er auf ſie legt,
ohne viele Mühe zu bringen weiß. Das Fleiſch
von dieſer Art Schweinen iſt viel ſchmackhafter
als das gemeine Schweinfleiſch, und iſt mit finger-
hohem Speck beſetzt. Iguana iſt ein Thier,
welches viele Aehnlichkeit mit dem Krokodill hat;
aber nicht über 3 Fuß lang iſt. Es iſt von außen
ſchwärzlich, hat runde Augen, und ein weißes
zartes Fleiſch. Es fällt weder Menſchen noch
Vieh an, und ernährt ſich von Kräutern, und
gewiſſen wilden Früchten. Die Landleute finden
das Fleiſch dieſes Thiers ſchmackhafter, als das
Geflügel.

XLV. In den nördlichen Gegenden iſt dieſe
Provinz mit Gold- und Kupfergruben verſehen,
welche aber wegen Trägheit der Einwohner nicht
bearbeitet werden. Auch iſt hier ein Reichthum

an

an Bley, Vitriol, Schwefel, Salz, Steinkoh-
len, Gips, Theer und Talchstein in den Bergen
verborgen. Vom Talchstein findet man zwey
Schuh lange Stücke, die so hell und durchsichtig
sind, daß man sie sehr wohl zu Fensterscheiben
brauchen kann. Die Berge bey der Stadt S. Johann bestehen ganz aus weißen Marmorplatten,
welche 5 bis 6 Fuß lang, und 6 bis 7 Unzen
dick sind, und von der Natur zugehauen zu seyn
scheinen. Die Einwohner brennen diesen Mar-
mor zu einem schönen Kalch, oder belegen die
Brücken ihrer Kanäle damit. Zwischen der
Stadt Mendoza und der sogenannten Punta
stehet eine 150 Schuh hohe und 12 Schuh dicke
steinerne Säule, welche von den Einwohnern des
Landes Riese genannt wird. Auf derselben finden
sich gewisse eingehauene Zeichen, welche Chinesi-
schen Buchstaben gleichen. Ein anderer Stein
mit Buchstaben ähnlichen Zeichen, und mit Fußstapfen eines Menschen und verschiedener Thiere,
findet sich am Fluß Diamante. Die Spanier
dieser Provinz nennen ihn den Stein des h. Thomas, weil die Indianer ihren Vorältern erzählt
haben sollen, auf diesem Stein habe vor alters
ein alter Greis ein neues Gesetz geprediget, und
zum Zeichen seiner Heiligkeit seine und der ihm
zuhörenden Thiere Fußstapfen hier eingedruckt.
Dieser Prediger sey der Apostel Thomas gewesen,

von

von welchem eine Sage will, daß er auch nach Amerika übergegangen sey.

XLVI. Die National-Einwohner, wovon noch wenige vorhanden sind, heissen Guarpes, und sind groß von Statur, mager, und von bräunlicher Farbe, und reden eine von der Chilischen ganz unterschiedene Sprache. Die Peruaner bemeisterten sich dieser Provinz fast zur nemlichen Zeit, als sie das nördliche Chile eroberten. Auf dem Wege, welcher von Chile über die Andes in diese Provinz führt, siehet man noch einige ohne Kalch gemauerte Häuschen, welche ehedem den Peruanischen Couriern und reisenden Officiern zur Herberge gedient haben sollen. Der erste Spanier, der in Cujo eindrang, war Franz Aguirre, welchen Peter Valdivia aus Chile dahin schickte; er zog sich aber zurück, so bald er von dem Tode des besagten Eroberers Nachricht erhielt. Darauf zog 1560 Peter Castillo auf Befehl des Guvernörs Don Garzia Hurtado von Mendoza dahin, unterwarf die Guarpes der Spanischen Krone, und bauete die Städte Mendoza und S. Johann.

XLVII. Mendoza, die Hauptstadt der Provinz, liegt auf einer Ebene am Fuße der Andes unter dem 33°, 19' der südlichen Breite und dem
308°,

308°, 31′ der Länge, und enthält 6000 Einwohner. Neben der Pfarrey und dem ehemaligen Collegium der Jesuiten sind hier noch Klöster der Franziskaner, Dominikaner, Augustiner und der Väter der Erlösung. Die Stadt treibt einen großen Handel mit Wein und Obstfrüchten nach Buenos-Ayres, und nimt in ihrer Blüthe zu, wegen der berühmten Silbergruben zu Uspallata, woraus die Einwohner großen Vortheil ziehen.

XLVIII. S. Juan, welches 45 Meilen von Mendoza, und nicht weit von den Andes unter 31°, 4′ der Breite und 308°, 31′ der Länge liegt, hat fast eine gleiche Anzahl von Einwohnern, gleiche Kirchen und gleiche Klöster, als Mendoza hat. Diese Stadt führt auch nach Buenos-Ayres einen beträchtlichen Handel mit Aquavit, Obstfrüchten und Vicogne-Häuten. Ihre Granatäpfel werden wegen des süßen Geschmackes, und wegen ihrer Größe auch nach Chile verschickt. Sie wird von einem Cabildo, und von einem Statthalter des Corregidors von Mendoza regiert.

XLIX. Die Stadt Punta, welche 1596 in dem östlichen Theil der Provinz Cujo gestiftet wurde, wird auch von dem Namen des damaligen Chilischen Guvernörs, Martin Lojola, S. Ludwig von Lojola genannt. Sie ist ungefehr

gefehr 41 Meilen von Mendoza unter dem 33°,
47' der Breite, und 311°, 32' der Länge. Ob
sie gleich auf dem Wege des Handels zwischen
Chile, Cujo und Buenos-Ayres liegt, so befin-
det sie sich doch in elenden Umständen, und enthält nicht über 200 Seelen. Es ist hier eine
Pfarrey, eine Kirche der ehemaligen Jesuiten,
und ein Dominikaner-Kloster. Die bürgerliche
und militärische Regierung der Stadt und ihres
weitläuftigen und wohl bevölkerten Gebiets wird
von einem Statthalter des Corregidors von Mendoza verwaltet.

Neben den drey beschriebenen Städten enthält
die Provinz Cujo noch die Flecken Jachal, Valle-
fertil, Mogna, Corocorto, Leonsito, Ca-
lingasta und Pismanta, welche keine besondere
Beschreibung verdienen.

Die Patagonen, welche an Chile gränzen,
und von deren Riesengröße man so viel Wesen in
Europa gemacht hat, sind, so viel ich weiß, wie
alle übrige Menschen. Ich habe ihrer zwey von
mittelmäßiger Größe gesehen, die nichts von Rie-
sen ihrer Nation wußten. Sie scheinen mir von
sanfter Gemüthsverfassung zu seyn. Sie waren
etwas mehr olivenfärbig, als die Arauker. Ihre
Sprache war äußerst röchelnd, unregelmäßig,
und

und von der Chilischen ganz unterschieden. Sie
waren auf Araukisch gekleidet, ob sie gleich sich
in ihrem Lande nur mit Häuten kleiden. Die
Poyas sind einer ihrer Stämme; sie leben unter
kleinen unabhängigen Fürsten, und glauben ein
höchstes Wesen und die Unsterblichkeit der Seele.
Ihren Weibern ist es erlaubt, viele Männer zu
haben. Die Cesaren, die in der Nachbarschaft
von Chile wohnen sollen, und von welchen so viele
Wunderdinge erzählt werden, existiren nur in
dem Gehirn derer, die gerne Wunderdinge hören und erzählen.